KB023102

서울특별시
vs.
서울보통시

서울특별시 *vs.* 서울보통시

펴 낸 날 | 2016년 1월 25일 초판 1쇄

지 은 이 | 노주석
펴 낸 이 | 이태권
펴 낸 곳 | (주)태일소담
서울특별시 성북구 성북로8길 29 (우)02834
전화 | 745-8566~7 팩스 | 747-3238
e-mail | sodam@dreamsodam.co.kr
등록번호 | 제2-42호(1979년 11월 14일)
홈페이지 | www.dreamsodam.co.kr

ISBN 978-89-7381-549-4 03980

이 도서의 국립중앙도서관 출판시도서목록(CIP)은 서지정보유통지원시스템 홈페이지(http://seoji.nl.go.kr)와 국가자료공동목록시스템(http://www.nl.go.kr/kolisnet)에서 이용하실 수 있습니다.(CIP제어번호: CIP2016000211)

• 이 책은 「서울신문」에 연재되었던 〈서울 택리지〉를 바탕으로 만들었습니다.
• 책값은 뒤표지에 있습니다.
• 잘못된 책은 구입하신 곳에서 교환해드립니다.

서울은 왜 서울인가

서울특별시 *vs.* 서울보통시

서울特別市 *vs.* 서울普通市

노주석 지음

소담출판사

권하는 글

서울전문가들은 많지만 '서울學'이라는, 서울을 학문의 경지에서 연구하는 이들은 드물다. 서울학의 대가인 노주석 전 「서울신문」 논설위원은 그래서 서울의 보물이다. 서울의 과거를 익히고 현재를 담아 미래를 그린다는 야심찬 포부 아래 시작한 그의 연구가 『서울택리지』에 이어 『서울특별시 vs. 서울보통시』로 나왔다. 서울의 지리, 역사, 정치, 문화를 아우르는 신문기자의 눈, 서울학 권위자가 본 서울을 통해 서울의 참멋을 깊이 완성할 수 있을 것이다.

박원순 서울시장

27년 경력 기자의 눈과 촉은 과연 매섭고도 섬세하다. 노주석은 방대하고도 치밀한 자료를 토대로 곳곳에 담긴 서울의 내력을 흥미진진하게 엮어 『서울특별시 vs. 서울보통시』를 내놓았다. 무엇보다 '개발독재의 무지막지한 광풍 앞에 흩어져 버린 오래된 도시의 향기'를 진심으로 애석해하는 저자의 마음이 행마다 스며 있기에, 이 책을 읽고 나면 누구나 '서울의 도시사'를 자신의 '고향 이야기'로 기억하게 되지 않을까 한다.

조희연 서울시 교육감

『서울특별시 vs. 서울보통시』는 『서울택리지』에서 다하지 못한 서울의 이야기를 담고 있다. 욕망의 상징이 된 서울의 아파트 이야기부터 대권의 교두보로 불리는 서울시장 자리에 얽힌 이야기까지, 전편과는 사뭇 다른 서울 이야기를 저널리스트의 감각으로 담고 있어서 한 호흡에 읽을 수 있었다. 서울 시민의 대변인이자 심부름꾼으로 20년 이상 살아온 나도 알지 못하는 이야기가 많아서 흥미진진했을 뿐만 아니라 '서울학'의 중요성도 깨달을 수 있었다. 서울에서 정치를 하고자 하는 이들이라면 반드시 읽어야 할 필독서라고 생각한다.

박래학 서울시의회 의장

서울은 왜 서울인가

현대는 도시의 시대다. 만약 신이 인간과 자연을 창조했다면 인간은 도시를 창건했다고 할 만큼 도시는 인류의 걸작이다. 이에 빗댄다면 서울은 한민족 최고의 창작품일지도 모른다.

한양이 조선의 유일무이唯一無二한 도시였다면 뒤이은 서울 또한 대한민국의 압도적인 도시이다. 미국의 경제수도 뉴욕과 행정수도 워싱턴을 합쳐놓은 그런 위상을 갖고 있다. 중국 베이징과 상하이, 일본 도쿄와 오사카, 독일 베를린과 프랑크푸르트를 버무려놓은 듯한 일극一極 집중의 도시이다. 서울이 대한민국이고, 대한민국이 곧 서울이다. 서울을 떠나 대한민국을 논할 수 없다.

서울은 우주를 탄생시킨 빅뱅 직전의 블랙홀처럼 대한민국의 모든 것을 빨아들였다. 국토 면적의 0.6퍼센트에 불과한 땅에 천만 명이 모여살고, 또 다른 천이백만 명이 수도권에서 '서울바라기'를 하고 있다. 우리나라 인구 절반이 서울의 지배권에 있고, 전체가 영향권이다.

서울의 불행은 중세 봉건왕조의 수도가 식민지의 수도를 거쳐 분단국의 수도로 곧바로 이어진 데 있다. 극과 극을 달리는 국가체제가 삼중三重으로 겹친 데다, 사상 초유의 압축적 산업화가 도시구조의 기형화를 초래했다. 조선 500여 년 동안 청계천을 경계로 북촌과 남촌으로 분리됐던 서울이 지금은 한강을 사이에 두고 강북과 강남으로 분열했다. 서울은 서울특별시와 서울보통시, 강남특별시와 강북보통시로 양분된 '이중 도시Dual City'의 양상을 보인다. 둘로 쪼개진 도시의 마법을 푸는 치유가 필요하다.

'서울 제대로 알기'라는 명제가 절정이다. 잊고 살아온 서울을 느껴보려는 목마름이 분출되고 있다. 이 책의 전편격인 『서울 택리지』를 지난해 9월 펴내고 나서 많은 격려를 받았다. 책이 추구한 서울의 정체성 찾기에 공감하는 분들이 생각보다 많았다. 『서울특별시 vs. 서울보통시』는 『서울 택리지』의 연작이다. 2013년 6월부터 2015년 2월까지 3년에 걸쳐 「서울신문」 지상에 장기 연재한 〈노주석의 서울택리지〉를 기본으로 재구성했기 때문이다. 전편이 서울의 시공간에 대한 역사·지리적 개념잡기였다면, 후편에서는 정치·문화적 색깔을 덧칠했다.

서울의 생성과 진화의 궤적은 세계사에서 유례를 찾기 어려울 정도로 독특하기에 기존의 정치학, 역사학, 지리학, 도시학적 방법론으론 어딘지 모르게 분석이 부족하다고 느꼈다. 도시정치학, 정치지리학, 문화정치학이라는 학제學際적 연구법을 들이댄 까닭이다. 또 지역학이나 국제학으로는 설명할 수 없는 부분을 풀고자 저자의 박사학위 논문 연구주제이기도 한 '서울학' 중 하나인 '서울정치학'을 끌어들었다. 서울시를 이끄는 민선 서울시장의 정치적 위상은 서울이라는 장소의 역사적 특성에서 기인하는 복합적인 요소의 산물이며, 민선 서울시장 출범 20돌을 맞아 그동안 어정쩡한 상태로 유지되어온 서울시장의 정치적 실체를 파악하고 그 위상을 정치과정 및 정치리더십 이론으로 입증한 것이다.

현재는 과거의 되새김질이요, 미래의 모태母胎이다. 서울이라는 공간에서 여러 시간대에 걸쳐 중첩돼 흘러간 것들은 결코 과거의 영역에 머물지 않는다. 서울의 역사는 자신의 이름을 잃고 아내와 엄마로 살아가는 여자처럼 수도首都라는 권력에 함몰된 역사였다. 수도 행세에 이골이 났다. 그래서인지 서울 사람 대부분이 서울을 내 것도, 네 것도 아니라고 여긴다. 수도라는, 중앙이라는, 특별시라는 헛것에 현혹돼 있다. 서울 본연의 것, 서울 고유의 것을 찾아야 한다. 그것을 보듬고, 다독여 미래세대에게 물려줘야 할 때이다.

분에 넘치는 추천사를 써주신 박원순 서울시장, 조희연 서울시 교육감, 박래학 서울시의회 의장 등 서울시를 대표하는 세 분 지도자께 감사드린다. 쾌히 책을 출간해준 소담 이태권 대표와 편집과 디자인을 맡아 함께 고민해준 김지숙, 김해연 씨에게도 감사의 마음을 전한다.

다산 정약용은 "작은 산이 큰 산을 가렸으니 멀고 가까움이 다르기 때문小山蔽大山 遠近地不同"이라고 했다. 시인 이성부는 이를 받아서 "작은 산이 큰 산을 가리는 것은 살아갈수록 내가 작아져서 내 눈에 작은 것만으로만 꽉 차기 때문"이라고 풀었다. 서울이라는 큰 산을 보지 못하고 언저리만 맴돈 것은 아닌지 모르겠다.

노주석

차례

4 서울 사수의 꿈

5 정체성을 찾아서

6 한성판윤과 서울시장

7 아파트 공화국의 민낯

1

서울은 남과 북으로 갈라진 이중 도시

남촌 대 북촌이 강남 대 강북으로
신분과 지위, 직업 따라 사는 곳이 달랐다
물질적 유토피아, 정신적 디스토피아

©「서울신문」 포토라이브러리

여의도 63빌딩에서 내려다본 한강. 서울을 강남과 강북으로 나누면서 서해 쪽으로 흐르고 있다.

남촌 대 북촌이 강남 대 강북으로

서울은 이중 도시Dual City

오늘의 서울에도 강남·북이라는 지역 차가 실재하지만, 전통적으로 서울은 지독한 지역색이 작용하던 도시였다. 대개 남과 북으로 갈라지는 양태를 보였다. 조선 500년 내내 개천청계천을 경계로 북쪽과 남쪽 2개 구역으로 양분됐다. 일제강점기에는 종로를 중심으로 한 조선인 거주 지역과 남산 아래 본정통충무로 중심의 일본인 거주 지역으로 진화했다. 광복 이후 갈라진 좌우 이데올로기는 결국 국토의 허리를 남과 북으로 끊어놓았고, 1960년대 말부터 1970년대 초반 전개된 남·북한의 체제 안보 경쟁이 강남 개발을 촉발했다. 이때 서울은 한강을 경계로 강북과 강남 2개의 도시로 양분됐다고 할 수 있다.

서울은 2개의 도시로 이뤄졌다. 서구 개념으로 치면 강북은 구도심Old Town이요, 강남은 신도심New Town이다. 한강은 나루터와 나룻배가 사라진 대신 다리로 촘촘하게 이어졌지만 두 도시의 거리는 점점 멀어지고,

©「서울신문」 포토라이브러리

서울 강남·북을 하나로 잇는 한강 다리들.

격차도 심화된 느낌이다. '한강의 기적'이란 엄밀히 말하자면 한강 이남의 초고속 성장사였다. 양극화는 한강을 사이에 둔 남과 북 양극에서 빚어진 현상일 수도 있다. 「강남스타일」이라는 노래가 전 세계적으로 유행할 만큼 문화적 이질성도 고착화되고 있다. 몇 년 전 조사에서 강남과 강북 아파트의 평균 매매가 차이가 3.3제곱미터당 무려 1,337만 원이었다. 강남이란 '나'와 '남'이 다름을 보여주는 주거의 '차별 짓기'를 통해 몸값을 부풀린 아파트 왕국이다.

서울 강남·북을 빰치는 지역색이 조선시대 한양에 존재했다. 도시학자들은 서울을 전통 도시와 근대 도시가 공존하는 '이중 도시Dual City'로 분석한다. 도시사학적 시각에서 서울의 공간적 특성을 근대 이전과 이후로 나눠본다면 근대 이전 서울은 남촌과 북촌으로, 근대 이후는 강남과 강북으로 양립하고 있다.

조선시대 한성부서울시청는 '경조 5부京兆5部'라고 하여 동부·서부·남부·북부·중부 등 5개의 행정구역으로 나눠 다스렸다. 오늘날 서울의 25개 자치구 중 경기도 시흥·과천·용인·광주였다가 서울로 편입된 한강 이남 10개 구를 제외한 한강 이북 15개구 가운데 사대문 안에 해당하는 종로·중구·서대문·동대문 등 4개구가 옛 경조 5부의 대부분이라고 보면 된다. 경복궁과 사대문을 축으로 나눠보면 북부는 경복궁~창덕궁 사이, 동부는 창덕궁~흥인지문 사이, 서부는 돈의문~숭례문 사이, 남부는 숭례문~흥인지문 사이쯤이다. 5부部가 곧 5촌村이다.

5촌과 양대, 자내와 오강

경조 5부 가운데 북부가회동·계동·안국동·재동·경운동와 동부이화동·동숭동·혜화동·충신동를 북촌 체제로, 서부정동·새문안와 남부필동, 묵동, 남산동·주자동, 인현동를 남촌 체제로 구분할 수 있다. 개천을 경계선으로 긋는다면 북쪽은 권문세가와 현역 벼슬아치 그리고 그들을 돕는 아전衙前 및 겸인傔人들의 주거지구였다. 개천부터 목멱산남산까지 남쪽에는 지체 낮은 관리나, 퇴락한 양반, 별 볼 일 없는 무반들이 주로 모여 살았다. 서울연구가 전우용은 『서울은 깊다』에서 "남촌 사람들은 술을 빚어 마시는 것을 즐겼고, 북촌 사람들은 떡을 자주 만들어 먹었다는 '남주북병南酒北餠'이란 속담은 두 구역 사람들의 기질이나 처지가 그만큼 달랐음을 일러준다"라고 분석했다.

동·서·남·북촌이 양반이나 관료 그리고 그들을 떠받치는 아전들의 거주 구역이라면 중촌中村은 중인中人들의 터전이었다. 의관, 역관, 율사, 화원, 도사 등 중인에다 상인, 군속들이 중부다동·무교동·수표동, 입정동, 주교동, 관수동 일대에 둥지를 틀었다. 오늘의 을지로와 청계천변이라고 보면 된다. 중인이란 용어도 중부 혹은 중촌에 사는 사람에서 생겼다.

케케묵은 조선의 행정구역인 경조 5부를 들먹이는 데는 다 이유가 있다. 중인이 사는 중촌을 제외한 4개의 양반촌을 중심으로 조선 중기 사색당파四色黨派가 발원했기 때문이다. 동인의 거두 김효원1532~1590이 낙산 아래 동촌에 산다고 하여 그 일파가 동인東人이 되었으며, 이에 맞선

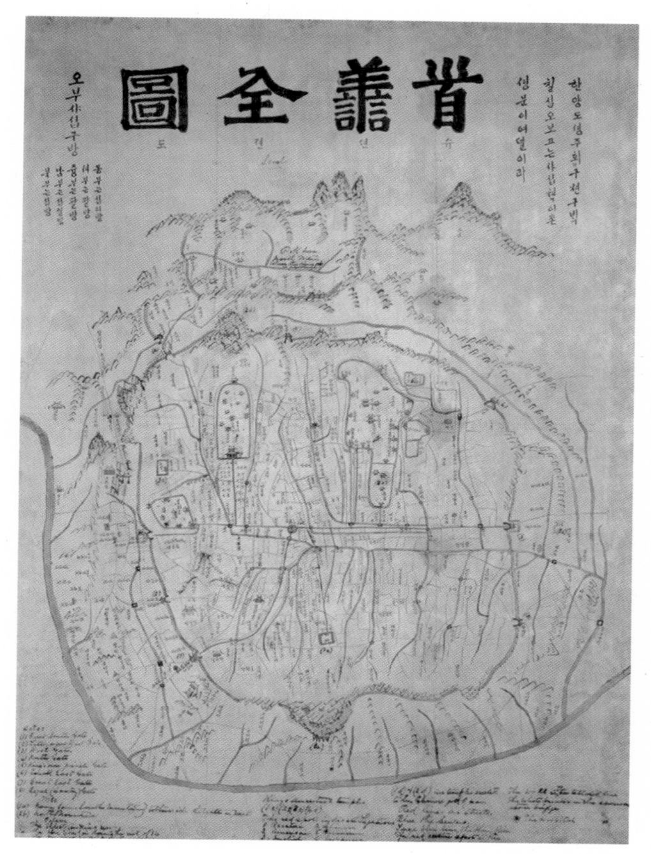

고산자 김정호가 1846~1849년 사이에 제작한 한양지도 〈수선전도〉.
수선이란 수도를 일컫는 십여 가지 용어 중 하나이다.

심의겸1535~1587이 인왕산 아래 서촌에 살았다고 하여 서인西人이라고 명명한 것이다. 동인 중 남산 아래 진고개에 사는 일파가 남인南人이 되었고, 경복궁과 창덕궁 사이에 거주하는 몇몇이 북인北人을 형성했다. 1623년 광해군을 몰아낸 인조반정 이후 정권을 잡은 서인이 노론老論과 소론少論으로 분리됐다가 노론이 영조와 정조를 거쳐 고종에 이르기까지 150년 이상 득세했다. 노론의 거주지가 이른바 북촌이다.

풍수에서 한양의 최고 명당은 백악 아래 경복궁이었다. 다음이 응봉 아래 창덕궁과 종묘, 성균관 자리다. 백악과 인왕산 사이 장동·청류계·백운동·옥류동·인왕산동도 빠지지 않았고, 백악과 응봉 사이 지금의 율곡로 일대도 최고 길지의 하나였다. 남산을 바라보는 풍광이 좋고 터가 넓어 권문세가들이 큰 집을 짓고 교류했다. 이에 비해 남산골은 음지였으나 배수가 잘되고 지하수가 풍부해 하급관리들이 살 만한 곳으로 쳤다.

고종대인 1864년부터 1887년까지의 기록인 『매천야록』에서 황현은 '서울의 대로인 종각 이북을 북촌이라고 부르며 노론이 살고 있고, 종각 남쪽을 남촌이라 하는데 소론 이하 삼색이 섞여서 살았다'라고 썼다. 조선 말기 북촌에는 노론이 살았고, 소론과 남인, 북인은 주로 남촌에 어울려 살았음을 알 수 있다. 이들 붕당朋黨은 제사 모시는 법, 옷고름이나 갓끈 매는 법을 서로 달리하면서 차별 짓기를 했다. 사화士禍가 이 같은 지역색에서 비롯됐다고 해도 과언이 아니다. 작금의 강남·북 구별 짓기가 무색할 지경이다.

서울의 지역색과 구역 분화는 생각보다 심각했다. 1924년 발행된 『개벽』 6월호 '경성 중심 세력의 유동'에서 소춘은 '경성은 오촌伍村, 양대, 자내字內, 오강伍江으로 나뉜다'라고 주장했다. 조선 후기 들어 신분과 계층이 세분화되고 신분에 따라 거주 지역이 정해진 것을 보여준다. 여기서 오촌은 경조 5부의 지역 공간과 겹친다. 양대는 윗대웃대와 아랫대로 나뉜다. 윗대는 상촌上村이라고도 했는데 경복궁 주변의 육조 관아가 있던 사직동·내자동·당주동·도렴동·체부동·순화동·통의동에 살던 아전이나 겸인, 내시의 거주지를 일렀다. 아전이란 '관아 앞에 사는 사람'이라는 조어였고, 겸인은 권문세가의 경호원 또는 비서격이었다. 이들은 경복궁의 서문인 영추문을 통해 궁에 드나들었다. 인사동을 중심으로 중촌에 살던 중인과는 완전히 다른 부류였다.

정교는 『대한계년사』에서 '상촌인은 평민 중에서 각 부의 서리 및 공경가의 겸인이 되는 자인데, 그들은 평민 중에서 가장 우수한 자라고 칭한다'라고 했고, 정래교는 『임준원전』에서 '경성의 민속은 남과 북이 다르다. 백련봉 서쪽에서 필운대까지가 북부인데 주로 가난한 집들로 얻어먹는 사람들이 산다. 그러나 때때로 의협 있는 무리가 의기로 서로 사귀고 남에게 베풀기를 좋아하며, 약속을 중히 여긴다. 또 시인 문사들이 시를 다투었다. 풍속이 그러했던 것이다'라고 윗대의 풍속을 평했다. 또 이가환은 『옥계청유첩서』에서 '경복궁의 남쪽은 육조이다. 그 서쪽은 좁은 땅이다. 때문에 서리들이 많이 살며 일에 익숙하고 질박한 이 적다'라고 윗대의 지역을 구분했다.

정선의 「진경산수화」 중 백악산.

요즘 서촌이라고 부르는 경복궁 서쪽 지역이 바로 윗대이다. 일제강점기 옛 옥류동과 인왕산동을 강제로 합쳐 만든 새로운 동 이름인 옥인동 쪽으로 흐르는 옥계천의 상류라는 의미에서 붙여진 이름이다. 북촌에 빗대 서촌이라고 불렀지만 애당초 잘못된 지명이다. 서촌이란 조선시대 경조 5부 중 돈의문 부근을 지칭하던 지명임은 이미 설명한 바 있다. 경복궁의 서쪽이라 하여 서촌이라고 한다는 논리대로라면 북촌은 동촌이 돼야 할 판이다. 구태여 새로운 지명이 필요하다면 지금이라도 윗대 혹은 상촌이라고 부르는 것이 마땅하다고 본다.

아랫대下村는 중촌과 남촌 중간지대를 지칭하는데, 지금의 오간수문~광희문 사이쯤이다. 이 일대에 자리 잡았던 어영청이나 훈련원 소속 군병들이 주민을 이뤘다. 『개벽』1924년6월에서 '우대웃대는 육조 이하 각사에 소속된 이배, 고직 족속이 살되 특히 다방, 상사동 등지에 상고 통칭 시정배가 살았고…… 아래대아랫대는 각종 군속이 살았으며 특히 궁가를 중심으로 하여 경복궁 서편 누하동 근처는 대전별간파들이 살고……'라고 구역 특징을 설명했다. 『황성신문』1900년 10월 9일은 '사대부의 말투는 극히 화미절이華美絶異하며, 북촌 사람들의 말투는 매우 부드럽고 조심스러우며, 남촌 사람들의 말투는 빠르며, 상촌 사람들의 말투는 공경스러우며, 중촌 사람들의 말투는 기민하며, 하촌 사람들의 말투는 상스러우며……'라면서 조선말 오촌, 양대 사람의 인적 특성을 총정리했다.

자내란 한양도성을 쌓거나 보수, 경비하고자 한성부가 담당 구역을 정한 구역을 말한다. '천天자字 구역 거주자'라고 하면 천자문 중 하늘 천자가 적힌 성벽 아래에 사는 사람을 뜻했다. 성안을 돌아다니며 달걀이나 채소, 장작을 팔았고 분뇨를 퍼다가 가축을 키웠다. 오강은 한강과 용산, 서강 등 3강에 마포삼개와 망원을 합해 오강이라고 이름 붙였다. 오강 주민들은 나루에서 먹고사는 사람들이었다. 나루터에서 잔뼈가 굵은 사공, 짐꾼이거나 전국 각지를 돌아다니며 물건을 떼다 파는 기가 센 사람들이었다. 나중에 전국의 상권을 주름잡는 경강상인으로 성장했다.

서울, 한강중심도시로 재생돼야

한강은 기원전 18년 한성백제가 위례성, 즉 오늘의 풍납토성과 몽촌토성에 터를 잡은 이후 2,000년 동안 한민족의 젖줄이었다. 고구려 때는 아리수, 백제 때는 욱리하라고 불렸던 한강은 조선의 도읍지 한양의 식수원이자, 명승지였고, 한양풍수의 핵이었다. 조선시대에는 한강을 경강이라고 불렀는데, 구체적으로는 삼전도에서 양화진까지로 지금의 송파에서 합정 구간에 해당한다. 한강이라는 이름의 유래는 두 가지 설이 있는데, 하나는 서울의 신라시대 옛 지명인 한주漢州의 강이라는 뜻인 '한수'에서 나온 이름이라는 설이 있다. 또 하나는 큰 강이라는 의미의 '한가람'이라는 우리말에서 나왔다고도 한다.

한강에는 크고 작은 섬들이 있었다. 그러나 불과 60년 사이에 멀쩡한 섬이 사라져버리기도 하고 또 생겨나기도 했다. '한강의 기적'이 진행되는 과정에서 명멸한 섬들에 대한 기억을 더듬어보자. 한강 서울시계에는 백마도, 난지도, 여의도, 밤섬율도, 노들섬, 반포섬기도, 저자도, 뚝섬, 부리도, 잠실섬, 무동도, 무학도석도 등 모두 12개의 섬이 실재했다. 그중 난지도, 여의도, 뚝섬, 잠실섬 같은 큰 섬 4개는 한강 개발 과정에서 육지가 됐다. 백마도, 밤섬, 저자도, 부리도, 반포섬, 무동도, 무학도 같은 비교적 작은 섬 7개는 큰 섬을 육지로 만드는 과정에서 해체됐다. 와중에 1968년 폭파됐던 밤섬은 생태계의 반란을 일으키며 20년 만에 한강의 품에 되돌아왔다. 또 본래 섬이 아니라 40미터 높이의 산봉우리였던 선유봉은 선유도라는 이름의 섬으로, 또 한강대교한강인도교가 놓이면서 만들어진 이름 없는 밋밋한 모래언덕은 노들섬이라는 이름을 얻게 됐다. 또 한강 개발 과정에서 없앤 반포섬 대신 '서래섬'이라는 인공섬을 만들었고, 그것도 모자라 최근에는 반포섬이 있던 자리에 1400억 원을 들여 세계 최대 규모의 인공 유리섬인 세빛섬세빛둥둥섬을 조성하기도 했다.

정리해보면 2015년 현재 한강에는 3개의 자연섬밤섬, 선유도, 노들섬과 2개의 인공섬서래섬, 세빛섬 등 모두 5개의 섬이 있다고 할 수 있다. 그런데 한강에는 왜 이렇게 많은 섬이 있었을까? 『택리지』의 저자 이중환은 300년 전 강원도를 여행하고 나서 '홍수가 나서 산이 무너지면 한강으로 흘러들어 한강의 깊이가 점점 얕아진다'라고 기록했다. 한강을 따라 흘러온 모래와 흙이 자연 제방과 삼각주 섬을 형성했다는 뜻이다.

한강변 지명에 양화진, 노량진, 광진 같은 '나루 진津' 자나 한강진, 송파진처럼 '진압할 진鎭' 자가 쓰이고 마포나 두모포처럼 '물가 포浦' 자가 쓰인 이유 또한 흥미롭다. 조선시대 한양은 전국의 재물이 모이는 '수운水運'의 중심지이자 군사요충지였기 때문이다. 17세기 후반부터 19세기에 걸쳐 용산과 마포 그리고 서강나루를 경강상인들이 주름잡았다. 두모포와 뚝섬은 땔나무의 집산지였고, 송파나루에는 쌀과 지방특산품이 몰렸다.

광나루, 뚝섬, 난지도 등은 모래 천지, 백사장이었다. 불과 60여 년 전만 해도 지금의 동부이촌동에서 흑석동 사이를 한강 백사장이라고 불렀다. 해마다 여름이면 10~15만 명의 인파가 강수욕을 즐겼고, 겨울이면 천연 얼음 스케이트장으로 변신했다. 그런데 1967년부터 이어진 세 차례의 한강 개발 사업은 한강의 쓰임새와 풍광을 완전히 바꿔놨다. 강변은 아파트 단지와 도로가 됐고, 강수욕을 즐기던 모래밭은 아파트 숲이 되었다. 또한 동서로 뻗은 도시고속도로 두 개와 아파트 단지가 거대한 철책선처럼 한강을 남과 북으로 갈라놓았다.

자전거 길과 둔치길이 열렸지만 아직도 강북 사람은 강북 쪽에서, 강남 사람은 강남 쪽에서 다닐 뿐이다. 한강에는 31개의 다리가 있지만 사람이 다닐 수 있는 보행자 전용다리는 단 하나도 없다. '한강의 남북 분리'에서 '한반도의 남북 분단'이 떠오른다. 한강을 개발해서 홍수에서 벗어나고, 부족한 택지를 제공하고, 교통난을 해소한 것이 개발연대의 사명이었다면 서울을 한강의 섬과 한강변 중심의 도시로 재생하는 것이 현 시대를 살아가는 우리에게 주어진 임무가 아닐까?

서울이라는 메트로폴리스에서 한강 생태계와 섬이 갖는 기능과 역할은 경제 가치로 따질 수 없을 만큼 귀중하다. 우리는 60년 전 아름다운 섬과 백사장이 있었던 시절의 한강을 잊고 있다. 서울 강남과 강북시민들이 한데 어울릴 수 있는 진정한 한강 복원의 그날이 오길 기대한다.

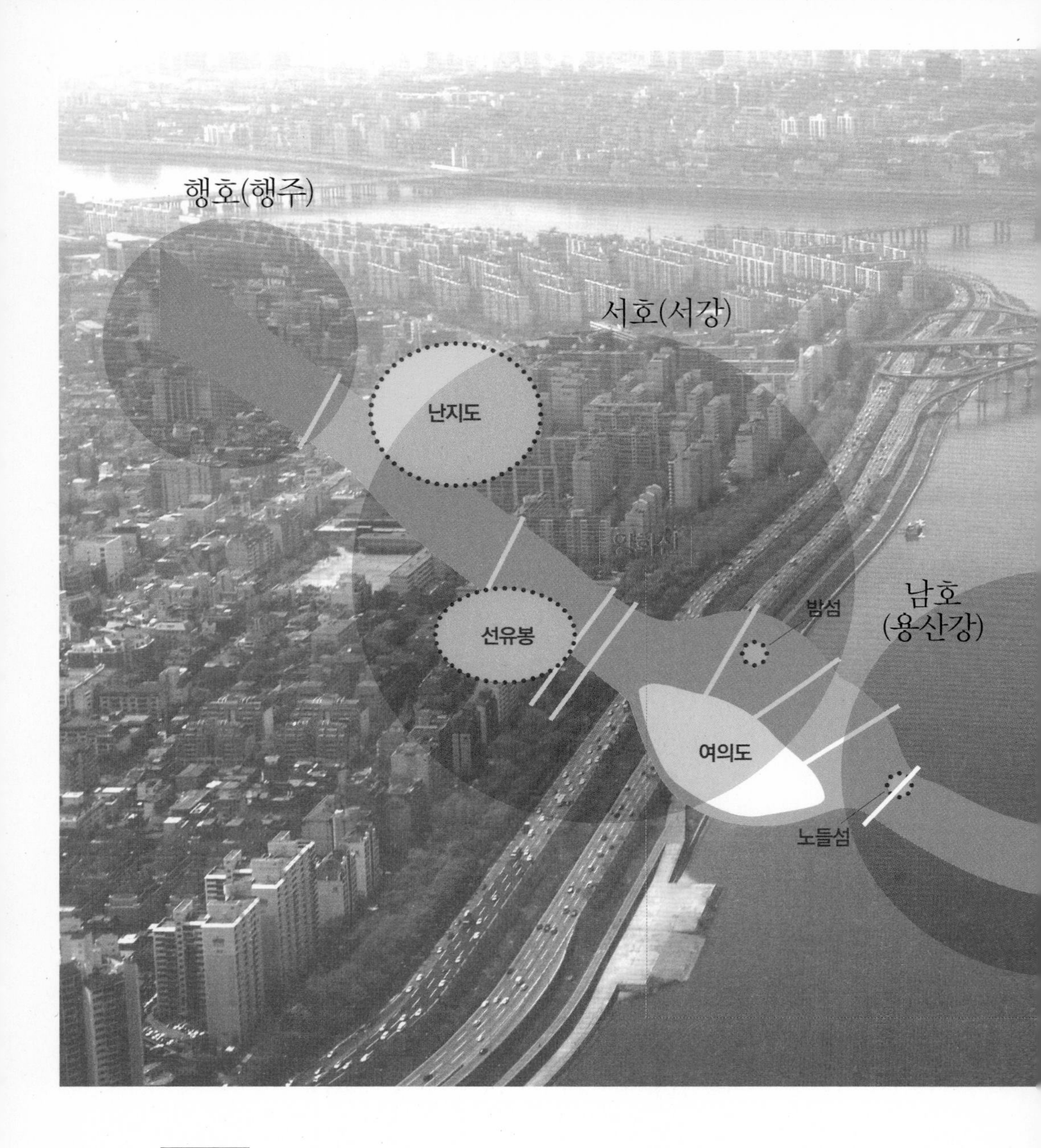

서울이 개발되기 이전 한강의 섬들.

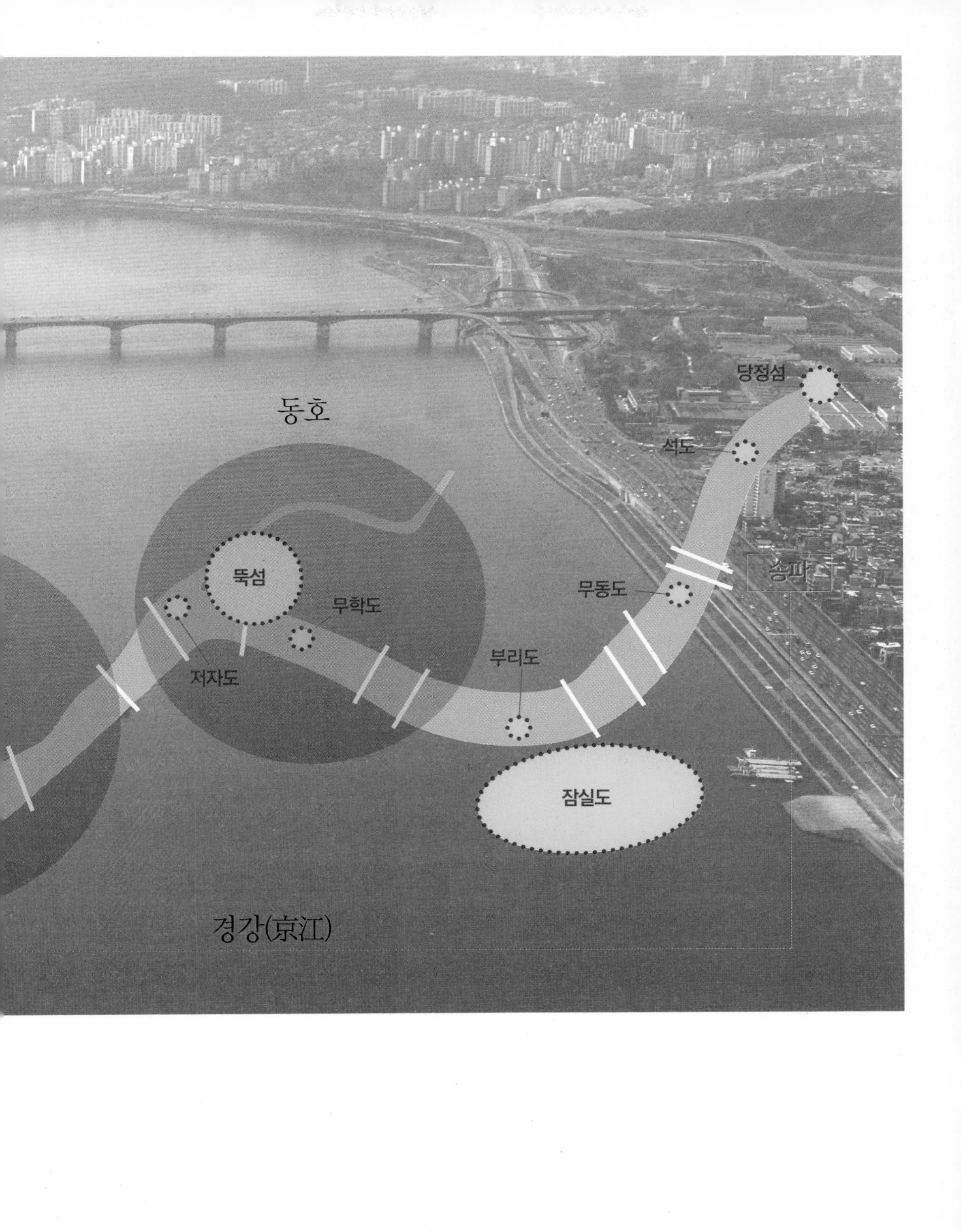

당정섬
동호
석도
뚝섬
송파
무동도
무학도
부리도
저자도
잠실도
경강(京江)

©「서울신문」 포토라이브러리

서울은 전통적으로 청계천을 경계로 북촌과 남촌 양촌 체제를 유지했다. 북악 아래 경복궁과 창덕궁 사이에 자리 잡은 북촌이 인왕산 아래 서촌과 낙산 아래 동촌을 포용하는 모양새를 갖췄다. 그러다 일제강점기에 이르러 북촌과 남촌의 위상이 역전됐다. 남산 아래 남촌을 중심으로 새로운 메인스트리트가 형성된 것이다. 한국전쟁 이후 서울의 급속 팽창과 더불어 남·북촌 체제의 경계선은 청계천에서 한강으로 이동했다. 서울은 한강을 경계선으로 강남과 강북으로 양분됐다. 사진은 남촌의 중심부인 명동의 인파.

신분과 지위, 직업 따라 사는 곳이 달랐다

조선조 청계천 경계로 북촌과 남촌 양분

조선 내내 사대문 안 북촌과 남촌의 양극 체제가 공고했다. 그러나 대한제국 시기 고종이 중국의 천자나 일본 천황과 같은 황제 반열에 오르는 이른바 '칭제건원稱帝建元'을 선언하고서 북촌 체제의 중심인 경복궁을 버리고 서촌에 위치한 경운궁덕수궁으로 정궁을 옮겨 가면서 상황이 변했다. 왕조 500년 만에 나라의 중심이 백악북악을 중심으로 한 북촌에서 종로를 넘고, 청계천을 건너 서울시청 쪽으로 이전한 것이다.

대한제국 시기 이러한 정치권력의 공간 이동은 이후 식민지 시기와 한국전쟁, 산업화 과정을 거치면서 조선시대에는 없던 태평로를 서울의 경제 중심지로 만들었다. 1926년 조선총독부 신청사가 경복궁 안에 건립돼 정치권력은 북촌으로 회귀했지만, 자본주의의 꽃인 경제권력은 태평로에 남았다. 확장된 경제권력이 1970년대 한강을 넘어 강남과 여의도를 향해 중심 이동하기 전까지.

강남으로의 팽창과 더불어 서울은 2,000년 전 한성 백제의 수도 한강 이남으로 수도를 옮겼다고 해도 과언이 아니다. 청와대는 강북에 남았지만, 자본주의 권력의 원천인 경제 자본과 대의기관인 국회가 강을 건너가버렸기 때문이다. 조선의 서울이 강북 사대문 안이었다면, 대한민국의 서울은 강남이 됐다. 사대문을 남북 체제로 나누는 경계의 역할을 하던 개천청계천이 복개되면서 남·북촌이 하나로 통합되는가 했더니 급기야 한강을 사이에 두고 강남과 강북으로 양분돼버린 것이다. 서울의 남북 경계선이 청계천에서 한강으로 옮겨간 셈이다.

도시사학 분야에서 '이중 도시'의 개념은 식민지를 경험한 도시에서 두드러지게 나타났다. 박찬승 한양대 사학과 교수는 "식민지 도시는 토착 집단에 대한 외래 집단의 지배 공간이었고 양자의 문화적 이질성은 사회적, 공간적 격리로 나타났다. 대체로 토착민들의 자생적 주거지는 전통적·전근대적 성격을 띠었고, 식민 권력에 의해 개발된 새로운 주거지는 근대적·서구적 성격을 띠는 것이 일반적이다. 식민지 권력은 외래 식민 집단의 주거지를 토착민들의 열악한 주거 공간과 분리시켜 근대적이고 서구적인 주거지로 만들어 식민 권력의 압도적인 힘을 과시하고 문명에 의한 지배의 정당성을 선전하고자 했다"라고 설명했다.

조선시대 한양도성이 북악 아래 경복궁과 창덕궁 사이에 자리를 잡은 북촌, 낙산 아래 동촌, 인왕산 아래 서촌 그리고 남산 아래 남촌과 청계천변 중촌을 서로 아우르는 모습을 보였다면 식민 시기 경성은 일제의 의도적인 정치적 기획의 산물로서 남·북촌 체제로 양분됐다는 해석이 가능하다. 동·서·남·북촌을 중심으로 정치적 이해관계를 같이하는 사람들이 어울린 사색붕당四色朋黨이 식민사관의 혐의를 받는 것과 마찬가지 논리다.

다른 풀이도 있다. 안창모경기대 건축전문대학원 교수는 "청계천을 품에 안고 내사산으로 둘러싸인 인구 십만 명을 수용하는 계획도시로 출발한 한양이 600여 년의 시간이 흐르면서 한강을 품에 안고 외사산으로 둘러싸인 인구 천만 명의 대도시로 성장했다. 외견상 인구는 100배 이상 증가했고, 면적도 30배 이상 확대됐다. 600년 시차를 가진 조선의 한양과 한국의 서울은 전혀 다른 상황 속에 존재한다"라고 말했다. 현재의 서울은 계획됐다기보다 근대화와 경제성장을 거치면서 급증하는 인구를 수용하려는 방편으로 확장됐고 결과를 추인하는 방향으로 성장했다는 것이다.

시대적 상황이 도시의 물리적 성장과 변화 배경에 영향을 미쳤다고 볼 수 있다. 특히 남북 분단과 강남 개발은 서로 얽혀 있다. 비록 도시화와 산업화의 결과이지만 1976년 건설된 잠수교로 말미암아 한강에서 서해로 나가는 뱃길이 끊겼다.

유사시 30~40만 명이 대피할 수 있는 요새화 차원에서 뚫린 남산 1, 2호 터널과 정부청사의 과천 이전 등은 한국전쟁과 남북 분단이 서울의 도시 구조 변화에 남긴 대수술 자국이다. 경부고속도로와 한남대교제3한강교의 건설로 강남이 개발돼 현대 서울의 모습이 한강을 중심으로 강북과 강남 2개의 도시로 나뉜 것도 결국은 남북 체제 경쟁의 산물이다.

서촌의 추억

서촌의 중심 정동은 서울의 근대 풍경이 남아 있는 곳이다. 그런데 왜 하필이면 서구 열강의 공사관들이 정동에 모이게 된 것일까. 태조의 두 번째 부인 신덕왕후 강씨의 무덤인 정릉貞陵이 있던 자리라고 해서 붙은 이름이지만, 왕자의 난을 일으켜 권력을 잡은 태종이 계모의 능을 지금의 정릉동으로 옮기면서 정동은 말 그대로 이름만 남았다. 조선 500년 동안 왕족과 사색당파 중 서인이 살던 양반촌兩班村 정동의 상전벽해는 실로 궁금증을 불러일으킨다.

사실 조선은 외국 공관의 사대문 안 진입을 허용하지 않으려고 완강하게 버텼다. 1880년 우리나라에 개설된 첫 공관인 일본 공사관은 사대문 바깥인 지금의 서대문 천연동에 있었지만 1882년 임오군란을 겪으면서 청군과 일본군이 도성 안에 주둔했고, 금역은 깨지고 말았다. 이후 새 경계선으로 정해진 것이 개천 즉 지금의 청계천이었다. 조선 조정은 종묘사직이 있는 청계천 안쪽에는 무슨 일이 있더라도 외세를 들이지 않으려고 발버둥 쳤지만, 1883년에 이마저도 무너지고 만다. 미국 공사관이 사대문 안 정동에 자리 잡으면서 서구 열강의 본격적인 정동 진출이 시작된 것이다.

정동은 서양 외교관이나 선교사, 그들의 가족에겐 여러모로 편리한 곳이었다. 지리적으로 인천항과 근접한 한강변 마포나루와 양화진이 가까웠고, 경복궁이나 경운궁이 지척이라 왕이나 고관대작을 만나기에도 좋았다. 또 사대문 성곽 안쪽이어서 안전하고, 비교적 넓은 가옥을 매입할 수 있었으니 최적의 환경이었다. 이것이 바로 19세기 말엽까지 명동과 남산에 각각 자리 잡은 중국과 일본의 공관을 제외한 7개국 공관이 정동에 터를 잡은 까닭이다.

그렇다면 후발주자인 미국은 어떻게 터줏대감격인 일본과 청나라의 틈을 비집고 사대문 안 정동에 전격적으로 상륙할 수 있었을까? 그 배경은 1882년 미국과 조선의 수호조약 체결로 거슬러 올라간다. 조약 체결 후 조선에 부임한 미국 초대 공사 푸트는 독일인 외교 고문 묄렌도르프를 통해 공관 부지를 소개받았다. 당시 통역을 맡았던 윤치호의 처갓집이 정동에 있었던 영향도 있었지만, 무엇보다 고종의 의지가 반영된 것이었다. 푸트가 공관으로 제공받은 집은 사실 고종의 외척이자 강원도 관찰사였던 민치상의 아들 민계호의 집이었고, 그런 집을 외국인에게 선뜻 내어준다는 것은 고종의 윤허 없이는 불가능했다. 당시 고종은 58세의 지긋한 나이에 경력도 많았던 미국의 푸트 공사에게 호감을 가졌던 것으로 보인다.

단돈 2,200달러에 125칸의 한옥을 거저 얻다시피 한 푸트는 정동에 정착한 최초의 외국인이 되었고, 이 집은 미국 공사관을 거쳐 미국 대사관저 하비브하우스로 자리 잡았다. 이후 영국1884년, 러시아1885년, 프랑스1889년, 독일1891년, 벨기에1901년 등 열강의 영사관과 공사관이 속속 합류하면서 정동은 조선의 대표적인 조계지租界地가 됐다.

대한민국 역사상 처음이자 마지막 황궁이었던 경운궁, 즉 오늘날의 덕수궁이 이들 공사관 거리의 중심부에 자리 잡게 된 데는 '먼 나라와 친교를 맺어 가까운 나라를 공략한다遠交近攻'는 고종의 계책이 작용했다. 서구열강의 힘을 빌려 일본과 청의 야욕을 막으려고 한 것이다.

실제 미국 공사관이 정동에 터를 잡은 지 13년 후인 1896년 2월 11일, 명성황후가 참변을 당한 경복궁에 더 이상 머물고 싶지 않았던 고종이 미국 공사관 안쪽 문을 통해 러시아 공사관으로 몸을 피했다. 고종은 러시아 공사관에서 1년 9일을 머문 뒤 이듬해 대한제국을 선포했고, 1919년 승하할 때까지 23년간 경운궁과 정동을 떠나지 않았다. 아관 파천이다.

아이러니하게도 정동의 최고 전성기는 조선이 열강의 침입으로 혼란스러웠던 근대의 새벽이었다. 당시 정동은 외국 공사관을 비롯해 우리나라 최초의 서구식 호텔인 손탁호텔, 배재학당, 이화학당, 구세군 본영, 정동 제일교회 같은 모두 25개의 큰 건물이 들어선 서울에서 가장 화려하고 분주하던 동네였다. 1907년 고종이 강제 퇴위당하고 나서 경운궁은 덕수궁으로 이름이 변경됐다. 동문이었던 대안문大安門은 대한문大漢門으로 바뀌어 덕수궁의 정문이 되었고, 경운궁은 공사관과 교회, 학교 용도로 야금야금 잠식당해 본래의 3분의 1 크기로 줄어들었다. 그것도 모자라 조선총독부는 궁궐 부지 2만여 평 중 절반을 '중앙공원'으로 지정하고 일본의 상징 벚나무를 심어 유원지로 만들어버렸다.

지금 정동엔 근대의 향기만 흐릿할 뿐 그 자취는 사라졌다. 한국전쟁과 도심재개발 과정에서 미국 공사관저와 옛 러시아 공사관 3층 석탑의 잔재 이외에는 모두 땅속에 묻혀버렸다. 서구 열강의 자존심을 건 건축의 경연장이었던 정동 옛 공사관 거리가 그때 그 모습으로 보전됐다면 어땠을까 하는 상상을 해본다. 중국 상하이가 조계지 와이탄外灘을 멋지게 꾸며 관광객을 끌어들이고, 역사를 기억하는 것을 보면서 정동의 근대 풍경이 사라진 것이 못내 아쉬운 것은 왜일까?

한강으로 남하한 서울의 남북 경계선

서울은 식민 시기 어떤 분열 과정을 거쳤을까. 일본인의 서울 진출과 일본인 거류지의 형성을 살펴보면 답이 보인다. 조선 침탈의 핵 일본 공사관은 1880년 서대문 밖 천연동 청수관에 처음 자리 잡았다. 임오군란 때 소실되자 1884년 교동 박영효 저택에 공사관을 지어 사대문 깊숙이 진출했으나 같은 해 갑신정변 와중에 또 타버렸다. 1885년 남산 아래 예장동으로 옮긴 뒤부터 식민 지배 권력의 본거지가 됐다.

남산과 일본을 잇는 역사의 끈은 질겼다. 일본 사신이 묵었던 왜관동평관이 조선 초 자리 잡았고, 임진왜란 때 왜군이 7년 동안 진지를 구축한 왜장대가 있었다. 개항기 조선과 대한제국 조정은 일본 공사관을 사대문 안에 들이지 않으려고 안간힘을 썼고, 사대문 안으로 들어오더라도 개천을 건너지 못하도록 버텼다. 삼강오륜에서 부부유별夫婦有別 따지듯 북남유별北南有別을 따졌지만, 결과는 남북 역전으로 나타났다.

남촌은 식민지 조선의 새로운 메인스트리트였다. 조선 신궁남산식물원이 일본 정신을 상징했고, 통감부서울애니메이션센터와 헌병사령부남산 한옥마을가 무력통치를 상징했다. 일본인 거주 지역인 충무로, 진고개 일대는

©노주석

서울 남산 예장자락 서울소방방재 본부에서 서울유스호스텔 쪽 후미진 곳에 세워진 '통감관저터'를 알리는 표석과 조선시대 일본 사신이 묵었던 동평관 옛터를 알리는 표석이 을지로 3가 인현어린이공원에 서 있다.

본정통本町通이라고 하여 조선의 유일한 동서 간 대로인 종로를 대신했다. 일제는 황토마루黃土峴를 광화문통, 구리개을지로를 황금정黃金町, 명동을 명치정明治町, 소공동을 장곡천정長谷川町, 다방골茶洞을 다옥정茶屋町으로 바꿔버렸다.

남촌에는 조선은행한국은행과 경성우체국중앙우체국이 들어서고 미쓰코시백화점신세계백화점과 히라타平田 등 대형 유통업체가 진출해 상권을 장악했다. 2~4층의 현대식 상점 진열대에는 일제와 서구 상품이 휘황찬란한 전등불 아래 진열됐다. 도로는 포장되고 플라타너스 가로수가 식재됐다. 광고탑과 마네킹, 네온사인이 불야성을 이뤘다. 본정통에 가면 서울이 아니라 마치 도쿄를 여행하는 듯했다. 지금의 강남 격이다. 한국인이 상권을 쥐고 있던 종로통은 상대적으로 낙후됐다. 1935년 시인 임화는 「다시 네거리에서」라는 시에서 '번화로운 거리여/내 고향 종로여/웬일인가/너는 죽었는가/모르는 사람에게 팔렸는가'라고 외쳤다.

잡지 『별건곤』 1930년 6월호에서 김화산은 '달리는 차, 매연, 여자의 스커트, 자욱한 연애, 주머니 속의 1전짜리 동전, 비애, 주점, 여자에 대한 증오, 정거장, 잡다한 사상을 가진 군중, 쇼윈도, 밤의 샹들리에와 카페의 홍수, 길에 버려진 영화 광고지……'라면서 남촌의 화려함을 묘사했다. 당시 경성은 전차 120여 대, 자동차 250여 대관용차와 자가용 제외, 승합차 70대, 버스 40대가 뒤섞여 달리는 혼잡한 대도시였다. 식민지 통치 권력과 외국 자본에 의해 서울 사람은 서울의 객이 돼버렸다.

인왕산 자락 옥인동 일대에 개량 한옥이 빽빽하다. 상촌 또는 웃대가 옛 명칭이지만 지금은 '서촌'이라고 잘못 불리고 있다.

©「서울신문」 포토라이브러리

일제 강점기. 지금의 명동 입구에 혼마찌本町라는 간판이 서 있다.

1936년 행정구역 확대에 따라 경기도 고양군과 시흥군, 김포군이 서울로 각각 편입됐다. 고양군 용강면오늘의 공덕동, 아현동과 연희면신촌, 은평면홍제동, 숭인면성북동, 청량리, 한지면이태원, 서빙고이 서울 땅이 됐다. 시흥군 영등포와 노량진, 상도동이 서울에 포함됐다. 서울의 팽창은 인구 집중과 더불어 지역 분화를 재촉했다. 동소문 일대 주택 지대를 문화촌이라고 했고, 광희문 밖 신당동에는 달동네가 형성됐다. 정동 일대에는 서양인촌이, 용산 일대에는 공업촌, 서울역과 봉래동 일대에는 노동촌, 다동·청진동·관철동 일대에는 기생촌 등 특수촌이 형성됐다. 홍제동, 돈암동, 아현동에는 경성부가 운영하는 토막 수용시설이, 종로와 본정통, 명치정,

장곡천정에는 다방과 카페, 영화관 같은 유흥업소가 밀집했고, 쌍림동에는 유곽이 있었다.

전우용은 『서울은 깊다』에서 '서울사대문이라는 작은 공간 안에서 오촌동·서·남·북·중촌과 양대윗대·아랫대, 자내성 밖 거주지와 오강한강변 거주지 지역의 문화가 달랐다. 18~19세기 양반 문화만 놓고 보아도 동서남북 사촌이 다 달랐고, 그들 사이에는 쉬 해소될 수 없는 차별의식과 적대감이 가로놓여 있었다'라고 지역색을 분석했다.

서울은 조선 500년 내내 유일한 도시였다. 조선이라는 나라는 한양이라는 도시와 나머지 지방으로 나눠졌다. 중엽 이후 서울과 지방의 인적 교류가 막히면서 경인京人과 향인鄕人의 차이가 벌어졌다. 지방 출신은 벼슬길에 오르는 것조차 어려웠다. 시골 선비는 말씨와 문체가 다르다는 이유로 무시받기 일쑤였다. 영조 대 이후 지방 출신을 과거급제자에 할당할 정도였다. 심지어 고종 대에는 서울내기 군관이 시골뜨기 예조좌랑교육부 사무관급을 멸시하고 구타하는 하극상이 벌어지기도 했다.

나라가 서울과 지방으로 나눠졌듯 서울도 나눠졌다. 궁궐 주변인 북촌과 동촌, 서촌에는 고관대작과 그들의 시중을 드는 아전, 겸인배집사들이 살았다. 남산 아래에는 쇠락한 양반이나 무반이 거주했고, 인사동과 청계천 주변에는 역관이나 의관, 화원 같은 중인들이 중촌을 이뤘다. 상민은 윗대나 아랫대 혹은 사대문 밖 자내, 오강에 터전을 잡았다. 거주지역에 신분과 지위, 직업 정보가 새겨져 있었다.

©서울역사박물관

1950~60년대 서울은 개발의 유토피아와 상실의 디스토피아가 혼재돼 있었고 문학 작품 속 인간 군상들은 소외되고 상처받은 소시민이었다.

물질적 유토피아,
정신적 디스토피아

흐르는 눈물, 춤추는 욕망, 넘치는 애환…… 숨기고 싶은 서울의 민낯

문학은 픽션이지만 현상의 본질을 꿰뚫는 망원경이거나 현미경도 된다. 가끔은 현실을 우화처럼 보여주는 만화경萬華鏡이 되기도 한다. 역사가 서울에 관한 공식적이고 근엄한 이야기를 담고 있다면 문학 작품에는 역사에 나오지 않는 서울 사람들의 내밀한 희로애락이 실려 있다. 공룡 같은 도시, '서울공화국'을 상징하는 거대한 빌딩과 아파트 숲에 가려진 서울 사람들의 진면목은 역사보다 오히려 문학 속에 살아 숨 쉰다.

우리 문학 작품 속의 서울은 어떻게 그려졌을까. 파리의 에펠탑이나 몽마르트르 언덕, 센 강처럼 낭만적이고 생동감 있는 모습일까. 한 번쯤 가봐야 하는 버킷리스트에 올라가 있을까. 유감스럽게도 그렇지 못하다. 시와 소설 속 서울은 길을 잃고 헤매는 사람들로 넘친다. 내 집 마련의 꿈과 전세살이의 고달픔, 실직과 타향살이의 애환, 소외되고 상처받은 사람투성이다. 노동 운동과 민주화 과정에서 피눈물이 흐르고, 천민 자본주의의 욕망이 꿈틀댄다.

한때 프랑스 도시사회학자들이 유행시킨 'Seoulization'이라는 용어가 서울을 상징하는 단어로 회자된 적이 있다. 미국 뉴욕의 고층 건물 집적화를 꼬집을 때 쓰였던 'Manhattanization'처럼 부정적 의미로 쓰였다. 'Seoulization'이란 초거대 도시에서 나타나는 몇 가지 유형의 현상 중 하나로, 흔히 '서울형'이라고 설명됐다. 환경오염과 파괴, 무질서, 범죄가 판치는 쓰레기통 같은 도시라는 뜻으로 쓰였다. 프랑스의 지리학자 발레리 줄레조프랑스 고등사회과학연구원는 『아파트 공화국』이라는 책에서 서울을 아파트의 나라로 특징지었다. 한국과 프랑스는 아시아 대륙과 유럽 대륙을 대표하는 강력한 중앙집권제 국가였다. 파리는 프랑스 그 자체였고, 서울은 곧 한국이었다. 그런 공통점 때문에 보존으로 한발 앞서간 파리 사람들이 개발에 목을 매는 서울 사람들을 비하한 것인지도 모른다.

어떤 문학 작품이 단순히 서울을 배경으로 하고 있다는 점만으로 서울을 다룬 작품이라고 보긴 어렵다. 우리나라 문학과 예술 작품의 대부분이 서울에서 생산되고 서울을 배경으로 삼고 있기 때문에 당대 서울의 의미 있는 특성을 부각한 작품만으로 대상을 가려 살펴볼 수밖에 없다.

조선시대의 문학은 시가 문학과 산문 문학으로 나눠볼 수 있다. 시가 문학은 조선의 개국과 한양천도를 알린 정도전의 「신도가」와 「신도팔경시」가 대표적이다. 「신도가」는 '아으 다롱디리 앒은 한강수여 뒤는 삼각산이여'라는 대목으로 유명하다. 권근의 「신경지리」, 정이오의 「남산팔

세계 최대 규모의 공창이었던 종삼. 1966년 종묘 앞에서 대한극장 앞까지 무허가 건물 2,200채를 허물고 세운상가를 짓기 전까지 종삼은 문인들의 마르지 않는 작품 소재였다.

©「서울신문」 포토라이브러리

1978년부터 1993년까지 15년 동안 서울의 공식 쓰레기 매립장이었던 난지도. 이집트 가자지구 대피라미드의 33배 크기로 매립이 종결될 때까지 한강 잔혹사의 한 장면이었다.

영」, 변계량의 「화산별곡」, 윤회의 「경회루시」 등 한결같이 한양을 찬탄하는 내용이었다. 서거정 등의 「한도십영」이 전통을 이어받았다. 그러나 이석형의 「호야가」에서 한양도성 축성에 동원된 백성의 참상을 묘사했으며 임진, 병자양란 이후 비판적 작품들이 나왔다. 박제가는 「성시전도」에서 근대 지향적인 실사구시를 선보였으며 한산거사의 「한양가」와 작자미상의 「장안걸식가」에서는 서울 거리의 풍물이 생생하게 묘사됐다.

이동하서울시립대 교수는 논문 「국문학·국어학과 서울 연구」에서 '조선 전기의 산문 문학은 성현의 『용재총화』, 허균의 『장생전』 등 잡록을 주목할 필요가 있으며 후기로 접어들면서 전傳, 야담, 소설 등 다양한 산문 장르가 경쟁적으로 발전하는 가운데 서울에 관한 자료가 여럿 발견됐다'라고 말했다. 정내교의 『김성기전』과 『임준원전』, 박지원의 『마장전』과 『광문자전』, 유득공의 『유우춘전』, 이옥의 『시간기市奸記』, 조수삼의 『육서조생전』 등이 대표적이다. 이옥은 시간기에서 '서울에 세 군데 큰 장이 서는데 동편은 배오개, 서편은 소의문, 중앙은 운종가다. 모두 좌우 양편으로 전이 늘어서 은하수처럼 벌여 있다'라고 19세기 초 서울의 시장을 실감나게 묘사했다.

(왼쪽) 1950년대의 명동.
(가운데) 복개된 청계천 위로 청계고가도로 교각이 세워지고 있다.
(오른쪽) 신세계백화점 옥상에서 바라본 명동길.

역사보다 위대한 문학 작품 속 서울, 서울 사람

일제 강점기와 전쟁·분단의 비극과 참상 그리고 서울로의 미친 듯한 집중과 근대화라는 이름으로 자행된 무자비한 개발이 낳은 인간성 상실과 사회 병리 현상의 실체를 문학 작품에서 만날 수 있다. 눈에 보이지 않는, 사진에 찍히지 않는 실체적 진실과 마주하는 시간이다. 이동하 교수는 임화의 「네거리의 순이」, 김광균의 「장곡천정에 오는 눈」, 오장환의 「수부首府」, 서정주의 「광화문」, 정희성의 「어두운 지하도 입구에 서서」, 박노해의 「가리봉 시장」, 유하의 「바람 부는 날이면 압구정동에 가야 한다」 연작 등 일곱 편의 시가 1920~90년대까지 서울을 특징적으로 보여준다고 평가했다. 소설은 시대순으로 염상섭의 『사랑과 죄』, 이상의 「날개」, 박태원의 『천변풍경』과 「소설가 구보 씨의 1일」, 김승옥의 「서울 1964년 겨울」, 이호철의 『서울은 만원이다』, 박태순의 「밤길의 사람들」, 윤대녕의 「January 9, 1993 미아리 통신」 등을 꼽았다.

서울은 물질적으로는 유토피아지만 정신적으로는 디스토피아다. 빛과 그림자의 도시인 셈이다. 문학 작품 속에서 서울을 읽는 코드는 다양하지만 몇 가지 특징을 추출해낼 수 있다. 근대화와 개발에 의해 소외된 군상, 아파트와 달동네로 대변되는 주거를 둘러싼 소시민 군상, 전쟁과 민주화 과정에서 벌어지는 저항의 군상 등이 그것이다.

개발시대 인간 군상을 다룬 시 중 김광섭의 「성북동 비둘기」는 1960년대 개발에 의해 삶의 보금자리를 잃고 쫓겨나는 인간의 애절함을 비둘기에 비유했다. 신동엽도 「종로오가」에서 이농과 도시 빈민, 매매춘 같은 개발연대 희생자들의 모습을 노골적으로 보여준다. 조선작의 소설 「영자의 전성시대」의 여주인공 영자는 70년대 우리의 딸들이 겪은 인생 유전의 자화상이다. 조세희의 소설 「난장이가 쏘아올린 작은 공」은 서울 변두리 낙원구 행복동이라는 무허가 주택 마을이 어떻게 파괴되는지를 보여줬다.

박완서의 소설 「이별의 김포공항」은 당대를 휩쓴 아메리칸 드림의 허상을 그렸다. 신경림, 정희성, 장정일은 1970~80년대 산업화 과정에서 소외된 이들의 무기력한 삶을 시로 읊었다. 공지영의 소설 『우리들의 행복한 시간』에서 2000년대 서울은 구원이 필요한 도시다. 서울은 소돔과 고모라로 그려진다.

주거를 둘러싼 인간 군상을 본격적으로 다룬 김광식의 소설 「213호 주택」은 1950년대 서울의 대규모 공영 주택 단지를 배경으로 펼쳐진다. 상도동을 중심으로 정릉, 안암동, 청량리, 약수동 등 벽돌처럼 찍어낸 교외 주택 단지에서 벌어지는 웃지 못할 풍경이다. 1970년대 접어들면서 소설가 최인호는 「타인의 방」에서 아파트 생활에서 발생하는 현대인의 미묘한 정서를 다뤘고, 조세희는 「민들레는 없다」에서 '잠실은 모래로 만들어진 동네이다. 모래땅에 모래 아파트들이 가득 들어서 있다'며 아파트의 허상을 짚었다.

양귀자는 연작 소설집 『원미동 사람들』에 수록된 「비 오는 날이면 가리봉동에 가야 한다」에서 1980년대 서울을 떠난 서울 사람이 아닌 서울 사람들의 이야기를 찬찬히 들려주었다. 이문열의 「서늘한 여름」, 박영한의 「지상의 방 한 칸」, 신상웅의 「도시의 자전」, 최수철의 「소리에 대한 몽상」, 이창동의 「녹천에는 똥이 많다」, 박상우의 「내 마음의 옥탑방」 등도 집을 매개체로 서울과 서울 언저리를 떠도는 서울 사람들의 이야기이다.

황지우의 시 「徐伐서벌, 셔발, 서울 SEOUL」이 제5공화국의 서울에서 살아가는 소시민들의 허위성을 나타냈다면 1980년대 강남을 그린 박완서의 「꽃을 찾아서」에서는 의외의 장면과 마주친다. '가락동, 오금동, 방이동…… 다 싫어요. 혜화동, 안국동, 경운동 하는 동네 이름 좀 좋아요, 품위도 있고…….' 그 시절 강남은 강북 콤플렉스를 가진 그렇고 그런 동네였다. 반면에 김원일의 「깨끗한 몸」, 이남희의 「플라스틱 섹스」, 이순원의 『압구정동엔 비상구가 없다』, 마광수의 『즐거운 사라』 등 일련의 소설들은 1990~2000년대 강남을 무대로 펼쳐지는 퇴폐와 향락상을 담았다. 강남은 서울의 시원지였으나 2,000년 가까이 잊혔다가 다시 새로운 서울의 원천으로 떠오른 땅이다. 인생역전이요, 세상은 돌고 도는 것임을 소설은 가르쳐준다.

저항의 군상을 대표하는 작품은 김지하의 「오적伍賊」이다. '서울이라 장안 한복판에 다섯 도둑이 모여 살았것다'로 시작되는 이 시는 독재정권의 부도덕성과 오적의 소굴이라고 불렸던 동빙고동, 성북동, 수유동, 장충동, 약수동에 사는 재벌, 국회의원, 공무원, 장성, 장·차관 등 다섯 계층을 신랄하게 쏘아붙였다. 1960~70년대 청계천 평화시장은 왜곡된 노동 구조와 비인간성이 판치는 자본주의의 하수구였다. 『전태일 평전』

©서울역사박물관

개발연대 시민들의 안식처였던 단성사와 대한극장.

을 쓴 조영래의 『어느 청년 노동자의 삶과 죽음』, 윤정모의 「신발」, 강석경의 『숲 속의 방』, 이균영의 「어두운 기억의 저편」, 박노해의 「노동의 새벽」은 어쩌면 당대를 산 문인들의 참회록이다. 이균영은 "서울은 원주민이 없는 낯선 도시"라고 선언했다.

우리 문학사에서는 '소설가 구보 씨'가 세 번 등장한다. 1930년대 박태원이 「소설가 구보 씨의 1일」에서 식민 도시 경성의 거리를 거닐던 지식인의 상실과 자조를 보여주었다면, 1970년대에는 최인훈이 『소설가 구보 씨의 일일』을 통해 서울을 관찰했고, 1990년대에는 주인석이 「소설가 구보 씨의 하루」라는 거의 동명의 작품을 통해 서울의 하루를 정밀 스케치했다. 2003년도 오늘의 작가상 수상작인 김종은의 『서울특별시』와 이혜경 등 여성 작가 9명의 서울에 관한 단편을 모은 『서울, 어느 날 소설이 되다』도 소설가의 눈에 포착된 서울의 일상이자 기록으로 남았다. 소설과 시는 어쩌면 역사보다 위대하다.

2

우리들의 일그러진 지명

잃어버린 지명들
창지개명
흐리멍덩한 지명회복

©「서울신문」 포토라이브러리

강북구 번동 북서울꿈의숲 공원. '번동'이라는 지명은 고려 때 오얏나무가 무성해 '벌리사'를 파견했다고 해서 붙은 지명이다.

잃어버린 지명들

북악인가 백악인가, 백악은 '흰 머리를 이고 있는 으뜸가는 산'

경복궁 뒤에 피지 않은 한 떨기 모란 꽃송이처럼 솟구친 수려한 산의 이름은 둘이다. 백악白岳이기도 하고 북악北岳이기도 하다. 『조선왕조실록』을 살펴보면 이 산을 놓고 면악, 공극산 등 다양한 지명이 등장하지만 결국 두 개의 이름만 살아남았다. 이 산의 이름이 중요한 것은 조선의 수도를 한양으로 정하도록 결정지은 산이기 때문이다. 이 산이 있었기에 새로운 나라의 수도를 송악개성에서 한양으로 옮겼다. 우리는 이런 중요한 산 이름을 별 생각 없이 극과 극을 달리는 두 개의 이름으로 부르고 있다. 또 어떤 이는 백악인지 북악인지 헷갈린다면서 뭉뚱그려 북한산이라고도 부른다. 곡할 노릇이다.

청화산인 이중환은 『택리지』에서 '태조가 승려 무학무학대사을 시켜 도읍 터를 정하도록 하였다. 무학이 북한산 백운대에서 맥을 따라 만경대에 이르고, 다시 서남쪽으로 비봉에 갔다가 한 개의 돌 비석을 보니 〈무학오심도차 無學誤尋到此 · 무학이 길을 잘못 찾아 여기에 온다〉라는 여섯 글자가 새

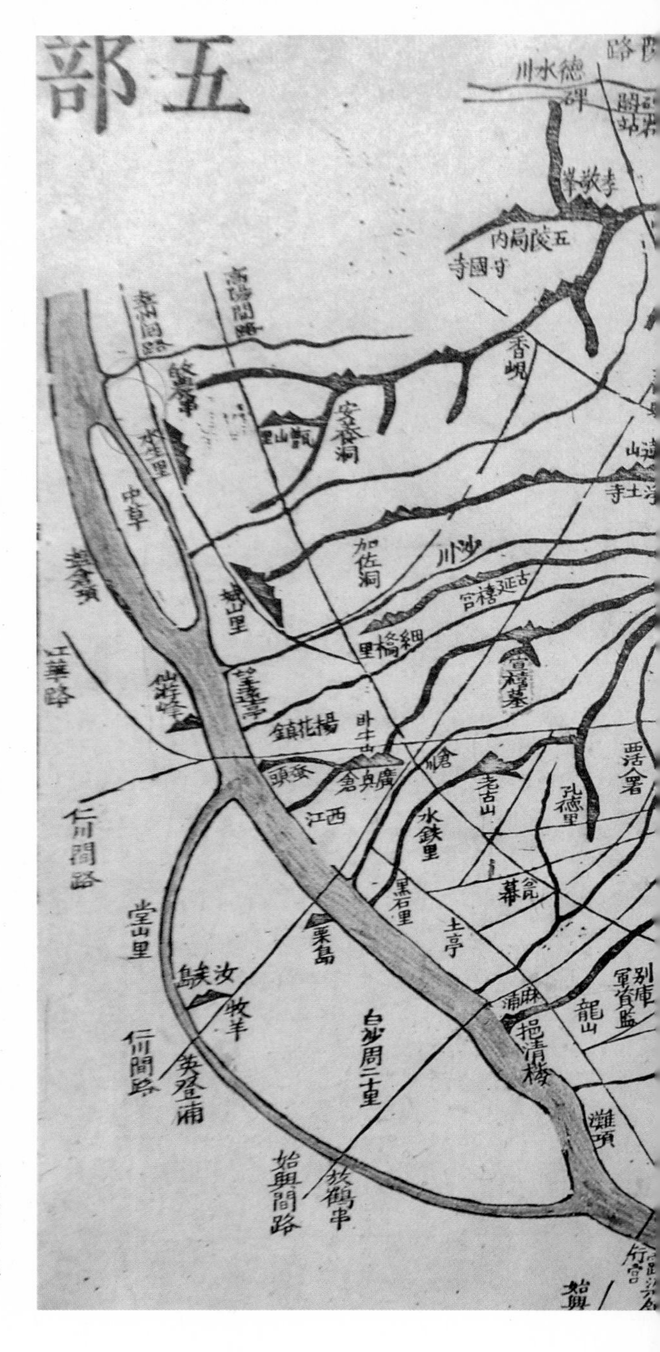

고산자 김정호의 〈경조오부도〉.
삼각산, 백악, 목멱산이라는 지명이 분명하다. 〈수선전도〉가 사대문 안 중심 지도라면 〈경조오부도〉는 성 밖 십리(성저십리)와 한강 주변을 상세하게 묘사하고 있다.

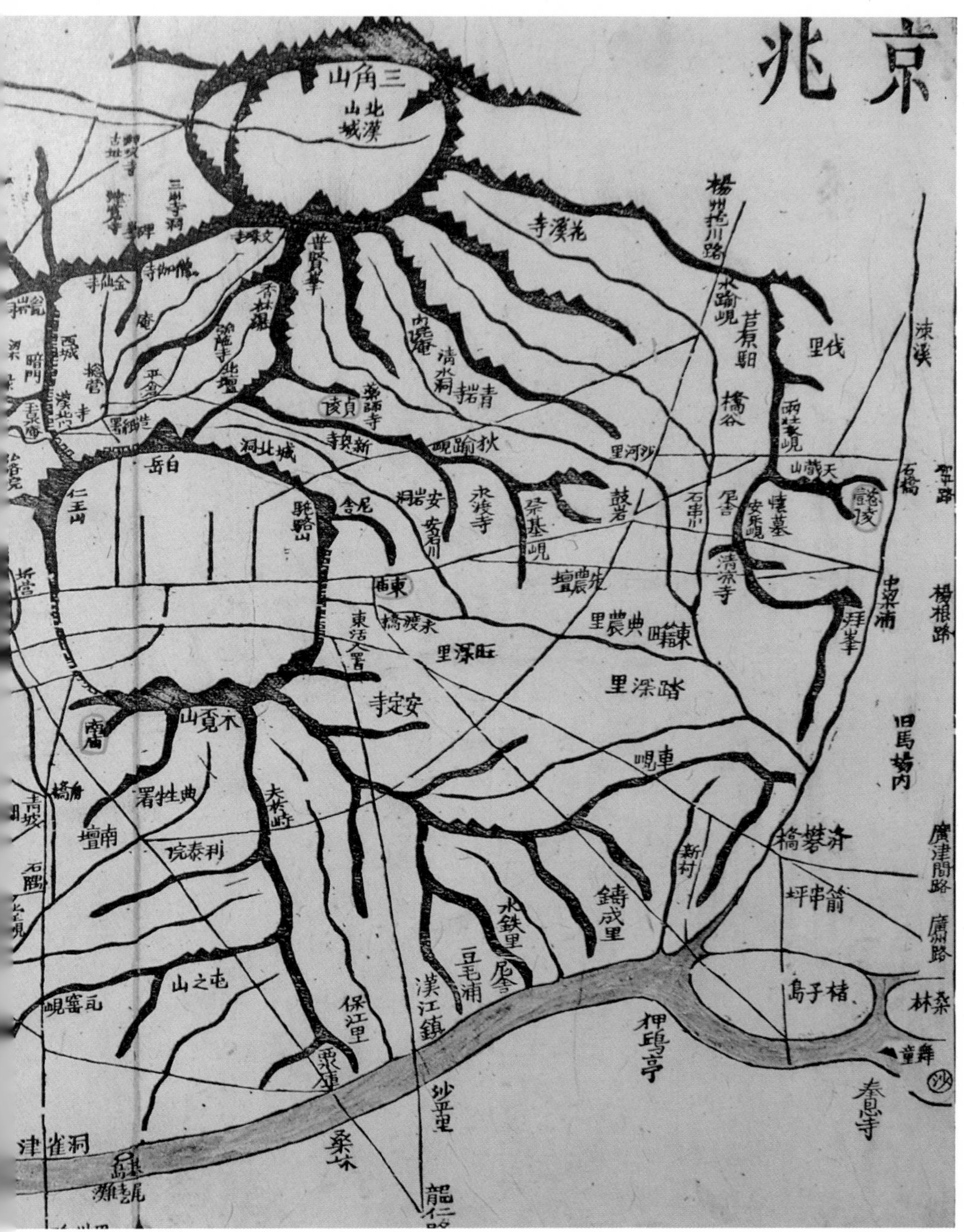
京兆
三角山
北漢山城
花溪寺
普賢峯
白岳
仁王山
駱駝山
木覓山
典農里
踏深里
安定寺
東活人署
鑄成里
前串坪
漢江鎭
狎鴎亭
楮子島
桑林
奉恩寺
銅雀津
楊根路
廣州路

겨져 있었는데, 이는 도선신라 도선국사이 세운 것이었다. 무학은 길을 바꿔 만경대에서 정남쪽 맥을 따라 바로 백악산 밑에 도착하였다. 세 곳 맥이 합쳐져서 한 들로 된 것을 보고 드디어 궁성경복궁 터를 정하였는데, 곧 고려 때 오얏자두나무을 심던 곳이었다'라고 한양천도 당시 주산 백악과 명당 경복궁 택지에 얽힌 일화를 전한다.

'오얏을 심던 곳'이라는 표현은 고려 중엽 때 비롯된 것이었다. 도선의 『도선비기』에 전해지는 '목자득국木字得國 · 이씨 성을 가진 자가 나라를 얻어 한양에 도읍하게 된다'의 도참설을 깨고자 삼각산 면악백악 남쪽에 오얏李木나무가 무성하자 윤관 장군 등 벌리사伐李使를 보내 싹둑 잘라 기를 누른 사례를 말한다. 이 마을을 '벌리'라고 불렀는데 '번리樊里'를 거쳐 지금의 강북구 번동으로 변했다. 오패산 혹은 벽오산이라고 불리다가 지금은 '북서울 꿈의숲' 공원이 조성됐다. 이렇듯 한양천도는 풍수지리의 원리에 따라 백악을 주산主山으로 정하고서 산 아래 명당 혈 자리에 남쪽을 향해 왕궁을 짓기로 하면서 현실화됐고, 오늘에 이르렀다.

조선 초기 이 산의 이름은 명실공히 백악이었다. 산꼭대기에 진국백鎭國伯이라는 여신女神을 모신 백악신사白岳神社가 있어 붙은 이름이다. 고산자 김정호가 남긴 〈수선전도〉나 〈경조오부도〉 등 대표적 지도에도 백악이라고 기록돼 있다. 백두산이나 태백산이 그렇듯 산 이름에 '흰 백白' 자를 사용하는 것은 자연스럽다. 우리는 흰 백자를 '밝다' 또는 '으뜸'이라는 의미로 썼다. '흰머리를 인 으뜸가는 산'이라고 풀 수 있다. '북녘

북北' 자는 꺼렸다. 북쪽을 향해 머리를 두지도, 눕지도 않았다. 북망산北邙山처럼 죽음을 나타낼 뿐 아니라 '패하다, 등지다, 분리하다, 도망하다'라는 뜻이 들어 있어 금기시했을 법하다.

그러나 언제부터인가 북악산 또는 북악이 지배 지명이 됐다. 근대 이후 만들어진 대부분의 지도와 책에 이 지명이 자리 잡았다. 단서를 찾아보니 중종 때1530년 편찬된 『신증동국여지승람』에 북악산이라는 이름이 등장한다. '앞에는 남산이 솟았고, 뒤에는 북악산이 높다'라고 적었다. 이 산의 수호신이 한양의 풍수를 관장하는 북현무北玄武이고, 사람들에게 친숙한 남산이나 한강의 북쪽에 자리 잡은 산이어서 그렇게 불렀을 수도 있겠다. 또 북촌 혹은 북부라는 지명의 영향을 받아 북악이라고 칭했을 가능성도 있다. 그러나 이후 나온 겸재 정선의 진경산수화 「백악부아암도」 등 그림이나 지도에서는 어김없이 백악이라고 썼다.

삼각산이냐 북한산이냐…… 삼각산은 세 개의 뿔

1940년 창씨개명創氏改名을 통해 내선일체內鮮一體를 시도한 일제가 사전 정지작업으로 1914년 행정구역 개편을 내세워 대대적인 창지개명創地改名을 꾀하면서 성스러운 산 이름에 분탕질했을 것으로 의심된다. 무엇보다 서울의 조상 산인 '세 개의 뿔' 삼각산 백운대·인수봉·만경대을 북한산이라고 의도적으로 바꿔버린 명확한 증거가 있다. 경성제국대학 교수이마니시 류가 1916년 조선총독부에 제출한 '북한산 유적조사 보고서'가 그것이다.

그는 삼각산이라는 멀쩡한 이름을 두고 북한산이라는 지명을 보고서에 사용했다. 한양과 한강의 북쪽에 있는 산이라는 게 이유였다. 고구려 때 북한산군北漢山郡이라고 불렸으며, 백제 개루왕 때 북한산성을 쌓았고, 조선 숙종 때 북한지北漢誌를 발간하는 등 북한산이라는 지명이 생경한 것은 아니지만, 삼각산이라는 민족정기를 상징하는 신령스러운 지명이 사라지는 결정적 계기가 됐다. 1983년까지 두 이름이 혼용됐지만, 정부가 '북한산국립공원'으로 지정하면서 삼각산은 힘을 잃었다. 일본인 학자만 책망할 일이 아니다. 역사 의식 없는 행정당국의 잘못이 더 크다.

조선총독부와 총독관저가 경복궁 뒤 고려 이궁 터에 틈입했고, 경무대와 청와대가 이어받으면서 백악이라는 이름은 잊혀갔다. 1968년 김신조 사건 이후 출입이 통제되면서 갈 수 없는 산이 돼버렸다. 북악스카이웨이와 북악터널이 상류층의 드라이브 코스나 요정 가는 길로 인기를 끌면서 북악이라는 지명의 사용 빈도가 높아졌다. 2006년 폐쇄됐던 숙정문을 38년 만에 열고 난 뒤 문화재청은 백악신사가 있던 산마루에 '백악산 342미터'라고 새긴 돌 비석을 세웠다. 또 2009년 백악산을 국가 지정 명승 제67호에 올렸다. 이산의 명칭을 백악산이라고 공식 인정한 것이다.

더불어 삼각산도 명승 제10호로 제 이름을 찾았다. 그러나 아직 대한민국 국민 열에 아홉이 백악은 북악, 삼각산은 북한산이라고 부른다. 안내

표지판과 안내 책자, 역사책에도 여전히 그렇게 적혀 있다. 이름을 찾은 건 다행이지만 제 이름으로 불러야 산의 영험함이 살아난다.

지명은 인명을 낳은 땅의 뿌리…… 역사의 수수께끼 푸는 열쇠

지명地名이란 땅 이름이다. 사람에게 인명이 있듯이 땅에도 지명이 있다. 인명이 사람의 뿌리라면 지명은 인명을 낳은 땅의 뿌리인 것이다. 서울시사편찬위원회가 펴낸 『서울지명사전』에 따르면 '땅 이름도 사람 이름과 마찬가지로 그 장소가 다른 장소와 구별되는 개성을 지닌 존재라는 의식과, 그 장소가 쓸모가 있어서 이름을 붙일 가치가 있다는 의식이 작용하기 때문'이라고 지명의 존재성과 유용성을 설명하고 있다.

지명학地名學에서 지명은 '사람을 제외한 모든 자연과 삼라만상의 이름'이라고 정의했다. 우리를 둘러싼 향토 역사문화가 집대성된 기록인 셈이다. 사람을 둘러싼 지리적, 역사적, 민속학적, 유전자적 특성과 흔적이 지명 속에 살아 숨 쉬는 것이다. 우리말의 어휘 중 가장 숫자가 많고 사용 빈도가 높은 것도 지명이다. 세종이 한글을 창제하기 이전까지 말과 글이 달라 그전까지 존재했던 우리말 자료가 거의 없다. 우리말 소리에 맞는 한자를 빌려 표기한 향가 25수를 제외하면 『삼국사기』와 『삼국유사』 등에 기록된 옛 지명이 전부라고 해도 과언이 아니다.

©노주석

조선시대 천문학과 지리학, 풍수에 관한 업무를 맡아 보던 관청인 관상감은 본래 서운관이라고 불렸는데 지금의 운현동이나 운현궁이라는 지명은 서운관 앞 고개라고 하여 붙은 것이다.

지명은 한번 붙으면 좀처럼 사라지지 않는 특성이 있다. 그래서 역사의 수수께끼를 푸는 열쇠이다. 서울은 고대 부여의 도읍 소부리와 신라의 도읍 서라벌에서 음운 변화된 유일한 우리 고유어 지명이다. 천신만고 끝에 살아남아 이천 년 이상을 버틴 하나밖에 없는 우리말 지명이다. 그런데 중국인들이 '한성漢城'이라고 적고 '한청'이라고 읽는 불편을 없애겠다면서 '수이首爾'라는 억지 춘향식 한자 이름을 붙이고 '셔우얼'이라고 읽도록 했다. 얼빠진 발상이다. 우리는 이미 백두산정계비에 쓰인 '토문강土門江'이라는 2개의 지명 탓에 드넓은 동간도를 중국에 빼앗긴 아픈 역사를 갖고 있다. 현재도 독도 대 다케시마죽도, 동해 대 니혼카이일본해라는 지명을 놓고 일본과 피 터지게 다투고 있다. 불명확한 지명 표기 탓에 겪은 숱한 불이익을 상기할 필요가 있다.

조선 건국의 설계자 삼봉 정도전은 경복궁과 종묘·사직 그리고 한양 도성 성곽을 축성했다. 궁 이름은 물론 근정전과 광화문 등 전각의 이름을 명명했다. 숭례문·흥인지문·돈의문·숙정문 등 사대문과 보신각, 광희문·혜화문·창의문·소덕문 등 사소문의 이름이 그때 붙여졌다. 경복궁을 중심으로 남북 간 축선상에 육조거리광화문광장를, 동서 간 축선에 운종가종로를 두고 시전행랑을 들였다. 도읍건설을 완성한 뒤 "앞은 한강수여 뒤는 삼각산이여"라고도 성의 위용을 읊었다.

삼봉은 한양한성부을 5부 52개방으로 행정구역을 나눴고 이름도 직접 지었다. 이때 지은 52개 지명 중 현존하는 지명은 적선, 서린, 가회, 안국 등 4개밖에 없다. 몇몇 지명은 길 이름이나 학교 이름 등에 남았지만 나

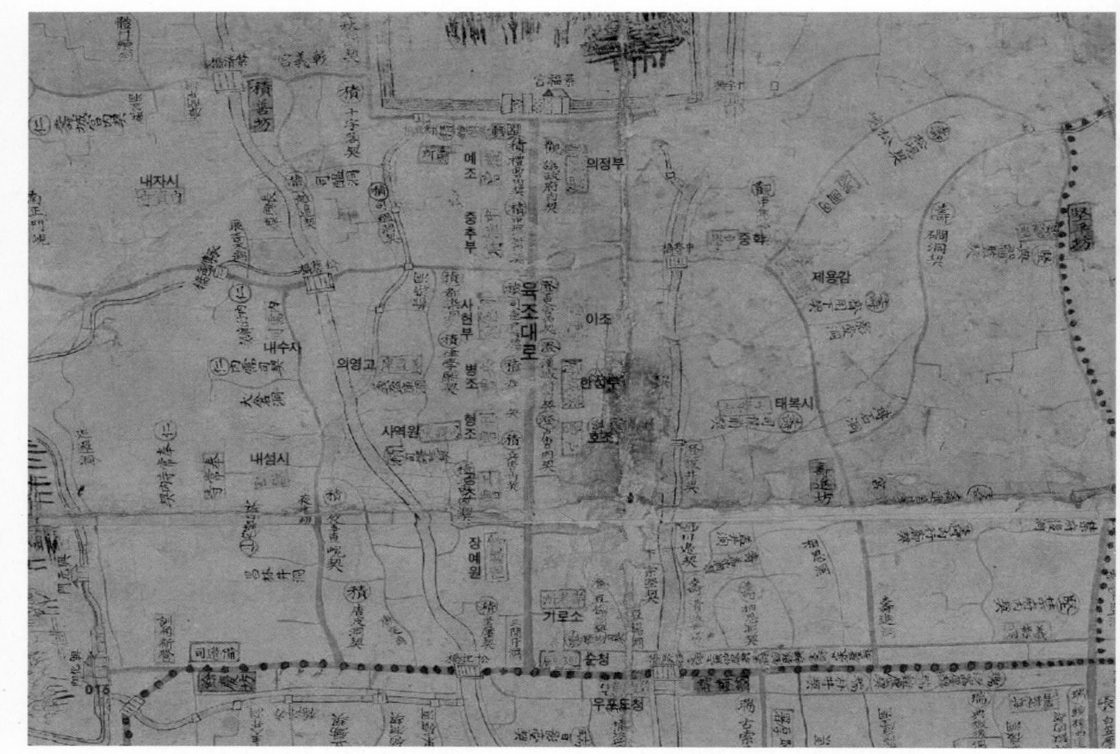

18세기 서울을 그린 〈도성대지도〉 중 광화문을 확대한 부분.

©「서울신문」 포토라이브러리

유네스코 무형문화유산으로 등재된 종묘 제례악.

머지 지명은 다른 지명과 합쳐지거나 형태를 알 수 없을 정도로 변질되거나 멸실됐다.

산업화 과정에서 혁명적 변화가 수반됐지만 40년에 불과한 식민시대에 벌어진 지명 훼손과 왜곡은 뼈저렸다. 일제는 단군 이래 5,000년 내려온 지명의 역사를 갈아엎었다. 지명에 담긴 사람과 자연의 역사를 짓밟았다. 한국땅이름학회 조사에 따르면 서울 중심 8개 구의 법정동 명칭 중 3분의 1이 그때 일그러졌다. 종로구 지명의 3분의 2가 난도질당했다. 광복 후 빼앗겼던 사람 이름은 되찾으면서 비틀린 땅 이름은 바로잡지 못했다. 남은 지명은 유래를 잃고 방황하고 있다.

창지개명

목멱신사를 아십니까

18세기 후반 겸재 정선이 양천현감으로 있을 때 그린 19첩의 경교명승첩 중 「목멱조돈」은 지금의 강서구 가양동 쪽에서 보고 그린 목멱산의 조돈朝暾, 즉 목멱산의 아침 해돋이를 묘사한 진경산수화이다. 목멱산木覓山은 남산의 옛 이름이다. 겸재의 그림은 물론이고 고산자 김정호가 그린 〈수선전도〉나 〈경조오부도〉에도 뚜렷하게 표기되어 있다. 태조 이성계는 한양을 수도로 정하고 남산의 산신령에게 '목멱대왕'이라는 벼슬을 내렸다. 그러곤 산 정상에 '목멱신사'라는 사당을 짓고 제사를 지내도록 하면서 목멱산이라는 이름이 역사에 아로새겨진 것이다. 그렇다면 목멱산이라는 이름은 어디로 가고, 우리는 남산으로 알게 된 것일까?

풍수지리학에서 342미터 높이의 백악이 서울의 기둥산主山이요, 뒷산이라면 265미터의 아담한 남산은 안산案山이요, 앞산이다. 독립지사이자 학자였던 안재홍의 풀이에 따르면 목멱은 마뫼의 이두 표기인데, 우리말 '마'를 한자 목木, '뫼'를 한자 멱覓으로 각각 음을 빌려와 적었다는 것이다. 정리해보면 남산의 본래 이름은 '마뫼'였고 마뫼의 '마'는 '앞', 뫼는 '산'을 이르는 순 우리말이다. 마뫼와 목멱, 남산과 앞산이 같은 뜻이므로 우리가 흔히 '남쪽 산'이라고 혼동하고 있는 남산은 '앞 산'이라는 얘기다. 이때 남산의 '남南' 자는 '남녘 남' 자가 아닌 '앞 남' 자임을 알 수 있다.

옛 사람들은 대개 자기 마을 앞에 있는 산을 편하게 '앞 산' 혹은 '남산'이라고 불렀다. 경주 남산, 강릉 남산 등 우리나라 산림청에 등록된 31개의 또 다른 '남산'은 이 같은 의미에서 붙여진 이름이다. 나아가 우리가 잘 알고 있는 애국가 2절 가사의 '남산 위의 저 소나무'에서 남산 또한 서울 남산의 소나무를 특정하는 것이 아니라 우리나라 전국 방방곡곡 동네 앞산의 소나무를 이른다는 해석도 가능하다.

남산은 한양의 군사적 방어 요충지였다. 봉수대에서 피어오르는 한 줄기 연기가 태평성대를 뜻하는 수호신 같은 산이었다. 태조 이성계는 남산 능선을 따라 도성을 쌓았고, 태종은 봉수대를 설치했다. 남산에는 5개의 봉수대가 있는데, 밤에는 횃불봉, 낮에는 연기수를 각각 피워 올려 급변을 전달했다. 평상시는 1개, 적이 나타나면 2개, 경계에 접근하면 3개, 경계를 침범하면 4개, 접전을 벌이면 5개를 올리도록 했다. 남산의 봉수는 조선 팔도에 설치된 650개 봉수대의 마지막 종점으로 첫 발화 지역부터 한양까지 봉수가 도달하는 데 대략 12시간 걸렸다. 도성 백성

정선의 진경산수화 중 「목멱조돈」.

들은 매일 저녁 피어오르는 한줄기 봉수를 보고 하루를 마무리했다.

조선시대 한양에 들어가려면 한강을 건너고 한강진과 남산을 넘어 한양도성의 정문인 남대문을 통과하는 이중삼중의 방어막을 거쳐야 했다. 조선 후기에는 남산 기슭에 어영청의 분영인 남소영장충동 2가과 금위영의 분영인 남별영필동 2가을 따로 둬 도성을 지켰다. 남산은 도성의 최후 방어선이었다.

남산과 풍수는 떼려야 뗄 수 없는 연관성을 갖고 있다. 남산은 흔히 '누에머리'로 비유돼 잠두봉이라고 불렸다.『한경지략』에는 '남산의 서쪽 봉우리 중에 바위가 깎아지른 곳이 누에머리蠶頭 모양이다'라고 기록했는데, 누에는 뽕잎을 먹고 살기 때문에 마주 보이는 한강 건너에 뽕나무를 많이 심었다. 잠실동, 잠원동의 지명 유래가 바로 잠두봉에서 비롯된 것이다. 또 도성 사방의 산에 입산 금지 푯말을 세우고 벌목과 매장을 금했는데, 1765년도에 그려진 〈사산금표도四山禁標圖〉는 남산 소나무를 지킨 현대판 그린벨트라고 할 만하다.

남산 꼭대기에 있던 국사당이 쫓겨난 사연도 눈물겹다. 서울타워 옆 광장에 위치한 팔각정은 가볍게 보면 서울을 한눈에 조망할 수 있는 평범한 쉼터이지만, 사실 이 터의 내력은 그리 가볍지 않다. 이곳은 조선 건국 당시 태조가 목멱대왕을 모시기 위해 지은 사당 터, 즉 목멱신사가 있던 곳이다. 목멱신사는 이후 태종 때 천신, 산신, 수신 등 삼신三神과 태조, 무학대사 등을 모시면서 국사당國祀堂이라고 명명됐다. 이름에서

©「서울신문」 포토라이브러리

남산은 '남쪽 산'이 아니라 '앞 산'의 음운전이音韻轉移이다.

알 수 있듯이 나라에서 가장 중요한 사당이었다. 그런데 국사당은 어디로 가고 이름조차 없는 평범한 팔각정자만 남았을까? 남산이 온몸으로 겪어야 했던 격변의 역사와 무관하지 않다. 1925년 조선총독부는 국사당을 인왕산 선바위 옆으로 강제로 옮겨버렸는데 일본이 한반도 전역에 세운 일본 신사의 총본부격인 남산 조선신궁에 방해된다는 이유였다. 일제는 "일본 최고신과 살아 있는 신인 천황을 모시는 신궁 위에, 식민지 나라의 사당이 있다는 게 말이 되느냐"면서 500년 내내 자리를 지켜온 국사당을 옮겨버렸다.

참으로 어이없는 일이지만 국사당은 제자리로 돌아오지 못하고 여전히 객지를 떠돌고 있다. 정부 수립 후 조선신궁을 허물었지만 그 자리엔 이승만 대통령의 추종자들이 '우남정'이라는 정자를 세웠다. 우남정은 4.19혁명 당시 이 대통령의 동상과 함께 철거된 뒤인 1968년 지금의 팔각정으로 지어졌다. 남산 산신령을 모시는 목멱신사는 떠돌고 있지만 아이러니하게도 남산에는 중국 촉한의 재상, 제갈량을 모시는 와룡묘가 건재하다. 와룡묘는 철종 13년1862에 창건됐다거나, 고종의 계비繼妃 엄귀비嚴貴妃가 세웠다는 설 등이 분분하지만 확실치 않다. 다만 1924년에 화재로 소실된 지 10년 후 일제가 중건한 기록이 남아 있다. 남산은 서울 시내 어디에서나 고개만 들면 보이는 산이지만, 우리는 남산을 다 알지 못한다. 남산의 훼철은 단순히 국사당 철거와 조선신궁 건설에 그치지 않는다.

사람 이름에 이어 땅 이름까지 바꿔 역사왜곡

서울의 지명은 다중多重적이다. 대부분 지명은 여러 개의 이름을 갖고 있다. 모든 지명에는 그렇게 부르게 된 명명命名 동기가 있는데 이를 지명의 유래라고 한다면 서울의 지명은 이천 년 동안 성쇠와 풍상을 겪으면서 여러 개의 이름을 가지게 됐다고 할 수 있다. 엄청난 생성과 소멸 과정을 거친 적자생존의 산물이다.

서울의 지명은 산이나 물, 고개, 풍수, 바위, 들, 땅 모양, 인물, 식물, 역사적 사실을 나타내는 정겨운 토박이 이름이 주를 이뤘다. 훈민정음 창제1446년 이전까지 비록 우리글이 없었지만 한자漢字를 빌려 이두吏讀로 적었기에 소리 체계는 살아 있었다. 더욱이 수도라는 지역적 특성 때문에 다른 지역에서는 찾아볼 수 없는 역사가 깊숙이 배어 있다. 예컨대 사간동, 내수동 같은 관아 지명이나 동소문동 같은 성문 지명을 비롯하여 왕십리나 답십리 같은 전설 지명, 압구정동 같은 누정 지명과 정릉동, 효창동 같은 능원 지명이 그것이다.

우리나라 지명의 역사에는 두 가지 경천동지할 사건이 있다. 신라 경덕왕757년 때 모든 지명을 일률적으로 한자로 바꾸면서 가해진 변형이 첫 번째다. 그러나 두 번째 사건인 일제의 창지개명 앞에서는 조족지혈이다. 단군 이래 최악의 사건이라 할 만하다. 서울의 지명에는 이 모든 영욕이 담겨 있다.

서울은 조선 개국 이후 한성부한성가 공식 명칭이었지만 한양 또는 서

©「서울신문」 포토라이브러리

서울 중구 무교동 서울시청사 지하 시민청 한쪽에 마련된 군기시 터를 관람객들이 둘러보고 있다. 조선시대 병기를 만들던 군기시 옆에는 아래모전다리가 있었다. 과일을 파는 모전毛廛 옆에 있어서 붙은 이름이며 개천 위쪽 다리를 웃모전다리라고 했고, 아래쪽 다리를 아래모전다리라고 불렀다. 무교武橋는 모교毛橋라는 다리가 이미 있어서 구분하려고 비슷한 다른 글자를 붙인 것이다.

울이라는 지명이 더 널리 쓰였다. 뿐만 아니라 도성, 수선首善, 도읍, 경조京兆, 경도京都, 사대문 안 등 다양한 별칭으로 불렸다. 오늘의 서울을 있게 했고, 서울에서 가장 중요한 산인 삼각산과 백악산은 북한산, 북악산이라는 이명異名을 갖고 있다. 남산과 청계천의 본명도 목멱산과 개천이지만 잊힌 이름이다.

남산은 목멱산이라는 옛 이름보다 오히려 정겨운 것이 사실이다. 인위적인 지명의 전이轉移가 아니어서 그렇다. 남산은 주산主山인 백악산의 앞산이요, 왕이 사는 경복궁의 앞산이었다. 지금은 서울이 확장되면서 강북과 강남의 가운데에 자리 잡은 중앙산中央山이 됐지만…….

그러나 청계천 개명은 사정이 다르다. 옛 이름인 개천開川보다 청계천이 더 청결한 느낌을 주긴 하지만 역사성이 훼손된 것이 문제이다. 청계천은 백악산과 인왕산 사이의 골짜기였다. 개천의 발원지로 '청풍계천'淸風溪川이 본명인데 청계천이라고 줄여 불렀다. 엄밀하게 말하자면 개천의 상류가 청계천인 셈이다. 1916년 6월 24일자 『매일신보』에 청계천이라는 지명이 처음 등장했다. 〈청계천변 시찰〉이라는 기사에서 '개천, 일명 청계천……'이라는 표현을 썼는데, 10년이 흐른 1927년 조선총독부가 '조선하천령'을 제정하면서 청계천이라고 바꿔버렸다. 조선 500년 동안 한양도성의 명당수이자 하수구였던 개천이라는 이름은 이렇게 역사의 뒤편으로 사라졌다.

사람들은 숭례문, 흥인지문, 숙정문, 돈의문처럼 조선 개국의 설계자 삼봉 정도전이 명명한 사대문의 정식 명칭을 두고 남대문, 동대문, 북대문, 서대문이라고 즐겨 불렀다. 광희문, 혜화문, 창의문, 소덕문 등 사소문 또한 수구문시구문, 동소문, 자하문북소문, 서소문이라는 별칭을 주로 썼다. 인위적인 엄숙한 지명보다 방향이나 쓰임새 위주로 호칭하기를 즐겼다.

한강도 지금은 하나의 이름으로 통칭되지만 조선시대에는 동호, 경강, 노들강, 용산강, 서강, 조강 등 지역별로 세분해서 불렀다. 그중에서 3개의 강이 주를 이뤘다. 경강은 지금의 한남대교~노량진 구간, 용산강은 노량진~마포, 서강은 마포~양화진 구간을 각각 지칭했다. 학자에 따라서는 5강, 8강, 12강까지 세분했으니 우리 지명의 다중성은 일일이 예로 다 들 수 없을 정도다.

육조대로, 황토마루, 운종가, 개천, 목멱산은 어디로 갔나

지명의 다중성은 어디에서 연유됐을까. 역사의 곡절 때문이다. 역사는 지명에 의해 기록되지만, 지명이 역사를 창조하기도 한다. 지명학Toponymy의 어원이 그리스어 토포스Topos · 장소에서 비롯된 것처럼 지명은 땅의 기원과 의미, 변천사를 단순화해 보여주는 척도다. 지명이 곧 역사라고 해도 과언이 아니다. 역사 자료가 남아 있지 않을수록 역사 연구에서 지명 의존도는 높다. 지명이 복잡하다면 그만큼 역사가 고단했다고 볼 수 있다.

지명이 여럿이라고 해서 반드시 역사의 고단함만을 나타내지는 않는다는 주장도 가능하다. 성명학姓名學에 빗대 보면 사물에는 하나의 이름만 존재하지 않는다. 사람에게는 태어나면서 주어지는 명名이 있다. 성년이 되면 자字를 가지며 사람에 따라 호號를 가진다. 죽은 뒤 시호諡號를 받는 사람도 있다. 왕은 사후 묘호廟號와 능호陵號를 가진다. 성명학에서 어른의 이름을 함부로 부르지 않고 자나 호를 부르도록 한 것은 이름을 귀히 여기는 존명사상 때문이다. 왕의 이름을 부르지 않는 것을 국휘國諱라고 하고, 존속의 이름을 부르지 않는 것을 피휘避諱라고 했다. 자와 호가 없는 일반인들도 이름이 함부로 불리는 것을 꺼렸기에 '안동댁' 같은 택호宅號를 두어 누구나 부를 수 있도록 했다. 사람의 이름이 여럿이듯 땅의 이름인 지명도 여럿일 수 있다는 것이 우리네 사고방식이었다. 사람이나 사물에 별칭이 따로 있는 것을 자연스럽게 여겼다.

그러나 일제강점기 지명 왜곡은 차원이 다르다. 민족의 역사와 정기를 말살하고자 획책했다. 1914년 조선총독부는 전국의 군을 317개에서 220개로, 면은 4,322개에서 2,518개로 축소하는 어마어마한 행정 개편을 단행했다. '전국 방방곡곡坊坊曲曲'을 이루던 우리의 마을 방坊을 폐지했다. 서울은 186개의 동洞-정町-통通-정목丁目으로 정리했다. 조선인들이 많이 살던 북촌은 동으로, 일본인이 모여 살던 남촌은 정으로 이름 붙였다.

일제강점기 최고의 번화가 본정통충무로, 황금정을지로, 명치정명동이 이때 생겼다. 뿐만 아니라 일본 황태자가 서울에 와서 머문 것을 기념한다

©「서울신문」 포토라이브러리

한강대교가 노들섬 위를 통과하고 있다. 한강을 나타내는 강 이름은 열두 가지에 이르렀다.

면서 '황공하게도 다녀가셨다'는 의미의 어성정御成町 · 남대문이라는 지명을 붙였고, 술집과 찻집이 많던 다동을 일본식 다옥정茶屋町 · 다동이라고 개악했다. 일본군 육군대장의 이름을 따서 장곡천정長谷川町 · 소공동이라고 명명하거나, 일본 정신을 상징하는 '대화'를 넣어 대화정大和町 · 남산이라고 하는 등 얼토당토않은 이름을 부지기수로 붙였다.

22년간 지속된 동-정-통-정목 제도는 1936년 경기도 고양군, 시흥군, 김포군 지역이 서울경성로 편입되면서 모조리 정-통으로 통일됐다. 서울의 면적은 4배가 늘었고 186개의 동-정-통이 259개의 정-통이 됐다. 종로구, 중구, 용산구, 동대문구, 성동구, 서대문구, 영등포구, 마포구 등 8개 행정구가 생겼다.

원동이 원서정, 동세교리가 동교정, 아현북리가 북아현정, 홍제내리와 홍제외리가 홍제정, 한지면 신촌리가 응봉정, 수철리가 금호정, 두모리가 옥수정, 동막상리가 용강정, 동막하리가 대흥정, 여율리가 여의도정으로 각각 변경됐다. 역사와 문화가 깃든 우리 지명에 대한 무자비한 탄압의 절정이다.

무악재에서 발원해 남대문을 거쳐 원효로를 따라 한강으로 흐르는 만초천을 그들이 내세우는 '욱일승천기'에서 '해돋을 욱旭' 자를 따 욱천이라고 마음대로 바꿨고, 흑석동 일대에 고급 주택을 지어 분양한 일본인 업자가 붙인 주택단지 명수대를 지명화했으며, 노들섬을 중지도라고 명명했다.

『조선왕조실록』과 『승정원일기』에 이름이 표기된 단 2개의 길 이름

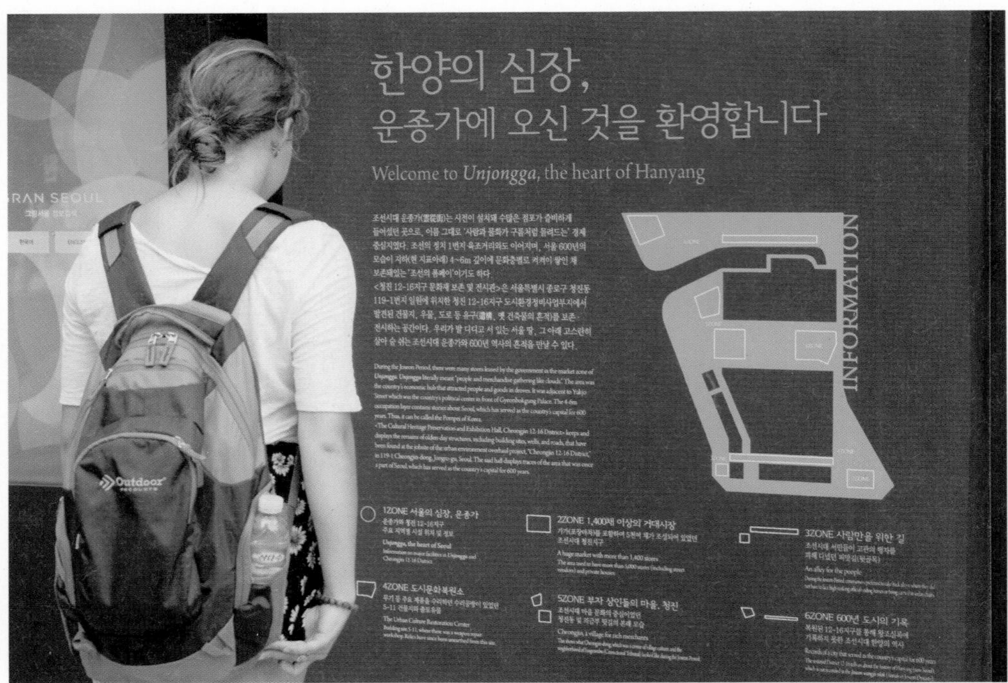

©「서울신문」 포토라이브러리

서울 종로를 찾은 외국인 관광객이 운종가 관광 안내판을 읽고 있다. '운종가'라는 종로의 옛 지명은 지워지고 성문의 개폐를 알리는 종루가 있는 길을 뜻하는 종로鐘路와 종로鍾路가 혼용돼 쓰이는 등 지명의 정체성마저 흔들리고 있다.

도 퇴출당했다. 육조대로광화문광장와 운종가종로라는 양대 지명의 소멸이다. 육조대로는 의정부와 육조가 자리한 관청 거리였고, 운종가는 사람이 구름처럼 모이던 시장 거리였다. 일제는 유서 깊은 지명을 역사와 지도에서 지워버렸다. 개천을 청계천으로 개명하거나, 인왕산仁王山의 한자를 엉뚱하게 인왕산仁旺山이라고 고친 것도 역사 말살의 속셈이었다.

해방 후 육조대로와 운종가를 왕조의 유물로 생각해 원상회복하지 않은 것은 후회막급이다. 삼각산이나 백악산이라는 정기가 깃든 아름다운 이름도 되돌리지 않았다. 태평로를 닦느라 고갯마루가 사라진 세종로 네거리 황토마루黃土峴의 이름도 청사에 남겼어야 했다. 우리의 조급함이 문제였다.

©「서울신문」 포토라이브러리

옛 피맛골을 재개발하면서 나온 조선 초 육의전 등의 유구가 서울 종로구 청진동 그랑서울빌딩 바닥 투명 유리 안에 보존돼 있다.

청진동이라는 지명은 1914년 일제의 행정구역 통폐합 당시 '등청방'과 '수진방'이라는 옛 지명에서 '청' 자와 '진' 자를 따와 만든 아무 뜻도 없는 합성지명이다.

흐리멍덩한 지명회복

청운동, 옥인동, 인사동, 청진동은 아무 뜻도 없는 합성지명

땅 이름지명은 가장 겸허한 모국어이자 무형문화재이다. 지명 속에는 그 지역의 내력이 오롯이 들어 있기 때문이다. 지명이란 무언無言의 역사이다. 지명에 몇 가지 요소가 덧붙여져 기록이 만들어지기 때문이다. 그래서 '햇볕을 쬐면 역사요, 달빛에 물들면 야사野史'라는 말이 생겼다. 우리의 지명은 어떠한가. 한자와 이두吏讀와 우리글의 치열한 '3자 경쟁'에서 한자가 압승을 거뒀다. 순우리말 지명은 유일하게 서울이 살아남은 반면 소부리부여, 한밭대전, 솜리이리 같은 아름다운 우리말 지명은 땅속에 묻혔다.

지명은 지역의 내력과 곡절을 숨죽여 외친다. 삼국시대에는 오늘의 양천구와 강서구 일대를 '제차파의현齊次巴衣縣'이라고 했다. 이두로 '제차'란 구멍, '파의'는 바위이므로 '구멍바위'이다. 이를 한자로 공암孔岩이라고 옮겼다. 옛 한강 공암진나루요, 양천 허許 씨의 발상지로 알려진 허가바위의 유래가 깃들어 있다. 또 이 바위는 큰 홍수 때 이웃 광주 땅에서 떠내려 왔다고 하여 광주바위라고도 불렸다. 또 한강을 건너 삼남 지방으로 가는 가장 가까운 지점인 노들나루가 있던 상도동에 전국 모든 장승의 우두머리 장승이 서 있다고 해서 장승백이장승배기라고 불렀지만, 지명으로 채택되지는 못했다.

이처럼 지명은 해당 지역의 과거사를 압축적으로 보여준다. 한 번의 잘못된 개명은 뜻을 일그러뜨리고, 사실을 비튼다. 사람들의 입에서 입으로 전해지던 땅 이름은 우리말이었지만 기록에는 한자 지명으로 남겼기에 우리말 지명이 홀대를 받은 측면이 있다. 조선시대 지방 행정체계는 부部-방坊-계契-동洞 4단계였다. '전국 방방곡곡'이란 말은 여기에서 나왔다. 그러나 한자식 행정체계와는 무관하게 우리는 크든 작든 모든 마을을 '고을'이라고 했고, 고을의 수령은 높든 낮든 모두 '사또'라고 불렀다.

토박이 지명은 조선시대 한자 지명화됐다가 일본강점기에는 유래조차 짐작할 수 없는 엉뚱한 지명으로 변질됐다. 무쇠로 솥을 만드는 가마터와 대장간이 많이 있다고 하여 무쇠막 또는 무수막이라고 불리던 옛 수철리水鐵里는 일제의 행정구역 개편 때 금호동으로 개악됐다. 물 수水는 호수 호湖로, 무쇠 철鐵은 금 금金으로 멋대로 바꾼 것이다. 금호동이라는 지명에서 옛 대장간의 흔적을 느낄 수 있는가. 없다면 잘못된 지명 변경이다.

1914년 강제 행정개편 이후 불과 100년 사이에 잣골 → 백동 → 혜화동, 모래내 → 사천 → 남가좌동, 한내 → 한천 → 상계·중계·하계동, 배

겸재 정선이 그린 창의문. 그림 위쪽 중앙 창의문자하문을 중심으로 왼쪽이 인왕산이고 오른쪽이 백악이다. 창의문 왼쪽의 물줄기가 백운동이라는 지명을 낳은 백운동천이다. 오른쪽 계곡은 백악산에서 발원해 경복궁으로 흘러들어 갔다가 삼청동천과 만나는 대은암천이다.

오개 → 이현 → 종로4가, 진고개 → 니현 → 충무로, 구리개 → 동현 → 을지로2가, 박석고개 → 박석현 → 갈현동 등으로 전혀 다른 엉뚱한 지명이 홍수를 이루고 있다. 정도는 덜하지만 붓골 → 필동, 삼개 → 마포, 두텁바위→ 후암, 물치 → 수색, 새내 → 신천, 노들 → 노량, 복삿골 → 도화동, 삼밭 → 삼전동, 미나릿골 → 미근동, 쇠귀바위 → 우이동, 서래 → 반포 등 순우리말 지명의 억지 한자화도 지역의 유래와 특색을 퇴색시키고 있다.

지명은 시간의 산물이기도 하지만 인간의 작품이기도 하다. 대개 안산鞍山이라고 불리는 무악은 서울 풍수의 알갱이를 이루는 내사산백악-낙산-남산-인왕산 못잖게 중요한 산이었지만 지금은 존재감이 없다. 무악재라는 험한 고개에 도로가 놓이고 평평해지면서 안산이라는 평안한 이름이 사람들의 마음속에 자리를 잡았다. 조선 초기 풍수 중 '무악주산론毋岳主山論'이 있었다. 무악을 서울의 주산으로 정하고 오늘의 연세대와 이화여대 자리에 경복궁을 앉히자는 하륜의 주장이었다. 터가 좁다는 이유로 수용되지 않았지만 '백악주산론'과 마지막까지 자웅을 겨뤘다. 태종이 종묘에 나아가 길흉을 점친 결과 백악이 우세하자 태종은 "나는 무악에 도읍하지 아니하지만, 후세에 반드시 도읍하는 자가 있을 것"이라며 두고두고 아쉬워했다.

무악의 기는 쉽게 꺾이지 않았다. 비록 성 밖으로 밀려났지만 연희궁이라는 이궁離宮이 무악 아래 지어졌다. 정종과 태종, 세종이 차례로 거

서울 중랑구 면목동 용마산 폭포. 골재를 채취해 보기 흉하던 것을 51미터 높이의 인공 폭포로 만들었다. 이어지는 아차산이 285미터인데 반해 용마봉은 348미터로 이 일대에서 가장 높다. 서울의 외사산 중 좌청룡에 해당하는 중요한 산이다.

©「서울신문」 포토라이브러리

공사 중인 연세대학교 신촌캠퍼스. 무악안산의 지기를 받으려고 도성 밖 양주 땅에 연희궁을 지어 왕들이 머물던 자리이다. 정문 오른쪽 큰길가에 연희궁 터를 알리는 표석이 서 있었다.

했다. 세조 때는 서잠실西蠶室이라고 하여 양잠을 했고 연산군은 연회장으로 사용했다. 조선 최악의 내란이라고 일컫는 '이괄의 난'을 진압해 왕조가 이어진 장소가 바로 무악이기도 하다. 또 오늘날 연세대가 연희전문학교에서 출발했고 연희동에서 대통령이 2명이나 나왔으니 태종의 말이 틀린 것은 아닌 듯싶다.

서울의 외사산삼각산-용마산-관악산-덕양산 중 용마산 부분이 좀 헛갈린다. 어떤 이는 용마산이라고 하고 또 어떤 이는 아차산이라고 한다. 그러나 두 산은 다른 산이 아니라 하나로 이어진 산이다. 서울의 외사산 중 좌청룡을 아차산으로 보고 아차산의 최고봉을 용마봉348미터으로 보는 것이 맞을 듯하다.

고구려 유적지가 발굴되고 온달과 평강의 전설로 유명한 아차산의 지명 유래도 꽤 흥미롭다. 높을 아峨에 우뚝 솟을 차嵯를 써서 아차산이라고 하지만 높이가 285미터밖에 되지 않으니 어울리지 않는 지명이다. 고구려 백제 신라 삼국의 각축지였다는 점에서 '내가 잠시 빌려 쓴我借'의 뜻으로도 해석하는 등 설이 분분하다.

아차산의 원 지명은 아단산阿旦山이라는 주장이 설득력 있다. 『삼국사기』에 '아침 해旦'를 의미하는 신성한 터, 아단산이라는 기록이 나온다. 그러나 태조 이성계의 이름李旦을 사용할 수 없었기에 비슷한 글자를 썼다는 풀이다. 이른바 군주의 이름을 피하는 피휘避諱 때문이었다. 경북 대구大邱도 본디 대구大丘였지만 영조 때 공자의 이름孔丘과 같으므로 피휘해야 한다는 유생들의 상소가 빗발치자 정조 때 바꾼 것과 마찬가지

이치라는 것이다.

흐리멍덩한 지명회복의 교훈

서울 역사 이천 년의 풍상보다 36년 일제 식민 지배의 훼절이 더 엄혹했다. 한국땅이름학회에 따르면 서울 동 이름의 30퍼센트, 종로구 동명의 60퍼센트가 일제 잔재라지 않는가. 해방 후 창지개명 잔재가 제대로 청산되지 않으면서 우리 지명의 대부분이 원상회복되지 못했다. 개발연대 이후 우리 손으로 행한 개악 사례도 적지 않다.

서울의 지명에서 가장 안타까운 것은 합성 지명이다. 서울 시민이 사랑하는 청운동, 옥인동, 통인동, 인사동은 급조된 지명이다. 어느 날 갑자기 두 개의 지명을 합치면서 생겨난 정체불명의 이름이다. 일제는 행정 개편이라는 이름 아래 멀쩡한 두 개의 지명을 하나로 합쳤다. 다분히 의도적으로 이뤄진 지명 말살 정책이었다. 지명 속에 전해 내려오는 우리의 얼과 문화를 송두리째 뽑아버리는 무서운 음모였다.

청운동은 청풍계청하동와 백운동에서 한 글자씩을 따 만들었다. 옥인동은 옥동과 인왕동의 합성이다. 유서 깊은 청풍계와 옥동이라는 지명은 우암 송시열의 글씨를 바위에 새긴 '백세청풍'과 '옥류동'이라는 글에서 비롯됐다. 청풍계천은 청계천의 발원지이며 청계천이란 이름의 연원이기도 하다. 인왕산이라는 명칭은 인왕사에서 비롯됐다. 광해군 때의 기록에 따르면 인왕사라는 절 이름에서 산 이름을 따왔다.

한양도성 안 최고의 경치 좋은 곳으로는 백악의 동쪽 삼청동천삼청동을 으뜸으로 쳤고 백악 서쪽 백운동천청운동과 인왕산 아래 옥류동천옥인동 그리고 낙산 서쪽 쌍계동천동숭동, 남산 아래 청학동천필동 등 다섯 곳을 꼽았다. 여기서 동천洞天은 산과 물이 어우러진 수려한 골짜기를 이른다. 내천川을 쓰지 않고 하늘 천天 자를 쓴 것은 사람만 모여 즐기는 곳이 아니라 신선도 더불어 노닌다는 뜻이다. 우리가 백사실 계곡이라고 부르는 부암동 백석동천이나 관악산 자하동천도 풍광에서 빠지지 않았다. 새로 만들어진 청운동과 옥인동이 지명으로 나쁘다는 것은 아니지만 억지로 줄이면서 사라진 것들이 아쉬울 뿐이다.

서울을 찾는 외국인 관광객이 가장 먼저 찾는 곳이 인사동이다. 한국적인 정취를 품고 있으며 인사동이라는 지명도 발음하기 쉽고 어감도 좋다. 그런데 인사동은 관인방의 인자와 대사동의 사자를 강제 결합시켜 지은 것이다. 『한경지략』에 따르면 '대사동은 곧 탑사동인데 옛날에 원각사가 있었으나 지금은 석탑만 남아 있다'라는 유래가 전해온다. 원각사지 10층 석탑 때문에 탑동, 사동, 대사동, 탑사동, 탑골 등으로 불렸고 지금도 탑골공원이나 파고다공원이라는 이름이 남아 있다.

백동잣골은 숭교방의 동쪽이라고 해서 동숭동이라고 바꿨고 괴동회나무골은 의금부가 있는 자리라고 해서 공평동, 옥방동옥방골은 인의예지에서 따와 예지동, 사동탑골은 낙원동, 원동원골은 원서동, 상사동상삿골은 원

©「서울신문」 포토라이브러리

육상궁과 온정동에서 글자를 1개씩 따와 만든 궁정동에 무궁화동산이 조성됐다.

남동이라고 작명했다. 15개 동의 새 지명이 생겼다. 수진방과 송현을 합쳐 수송동이 되면서 송현솔골이 사라졌고 옥동과 인왕산동을 합쳐 옥인동을 만든다고 옥동옥골, 운동구름재과 니동을 합쳐 운니동을 만들면서 니동진골, 육상궁과 온정동을 합쳐 궁정동을 만들면서 온천수가 나오던 온정동이 각각 사라졌다.

서울이라는 유일한 순우리말 지명은 미 군정청이 해방과 함께 일방적으로 준 선물이었다. 그러나 해방 후 지명을 회복할 수 있는 권한을 가진 우리는 기존의 일본식 지명을 토박이 이름으로 되돌리지 않고 모조리 한자로 바꾸는 우를 범했다. 강제병합 이전의 지명으로 돌아간 것이 아니라 일본이 멋대로 변경하고 왜곡하고 합친 일본식 지명에서 정町을 동洞으로 바꾸는 데 급급했다. 세종대왕, 이충무공, 을지문덕 장군, 원효대사, 이퇴계, 민충정공 등 6명의 선현의 시호를 채택해 세종로광화문통, 충무로본정통, 을지로황금정통, 원효로원통 등으로 가로명을 변경하는 데 그쳤다.

사라진 숱한 지명의 원혼 앞에 어찌 이리 덤덤한가. 현재 진행 중인 독도와 동해 표기 전쟁은 한국과 일본의 지명 전쟁이다. 독도냐 다케시마냐, 동해냐 일본해냐는 모두 지명 선점 다툼이다. 해방 후 흐리멍덩한 지명회복 실패의 교훈을 잊지 말아야 한다. 사람에게 성명姓名이 역사이듯 땅에게는 지명이 역사다.

안산공원의 봄 풍경. 안산은 무악재 혹은 무악산의 다른 이름이다.

3

훼철과 복원의 역사

너희가 한양도성을 아느냐
왜 그렇게 한양도성 축조에 매달렸나
'섬'이 되어버린 사대문

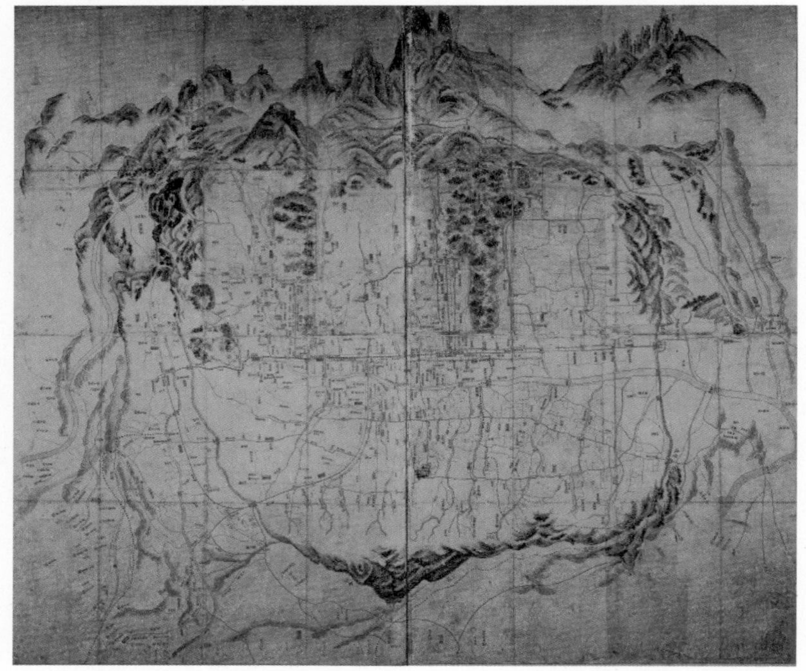

18세기 서울의 모습을 진경산수화풍으로 실감나게 그린 〈도성대지도〉. 한양의 52방과 329계의 위치를 정확히 파악하여 기록하고 있고, 도성의 모든 중요한 내용들이 지도 속에 표시되어 있으며, 18세기 서울의 모습을 정교하고 섬세하게 표현하였다.

너희가
한양도성을 아느냐

한양도성 축조에 얽힌 두 가지 설화

1392년 조선 건국과 함께 도읍을 송악개성에서 한양으로 옮긴 태조 이성계는 "종묘는 조종祖宗을 봉안하여 효성과 공경을 높이는 것이요, 궁궐은 국가의 존엄성을 보이고 정령政令을 내는 것이며, 성곽은 안팎을 엄하게 하고 나라를 굳게 지키는 것으로, 이 세 가지는 모두 나라를 가진 사람들이 제일 먼저 해야 하는 일이다"라면서 종묘와 경복궁, 도성都城의 축조를 독려했다.

종묘·사직과 경복궁이 완성되자 한양의 얼개인 도성을 짓는 축조도감을 1395년 설치했다. 삼봉 정도전이 성 쌓을 자리를 정했는데 태조가 직접 둘러보았다. 여기에서 두 가지 흥미로운 스토리가 등장한다. 첫 번째는 서울이라는 지명의 유래이고, 두 번째는 성리학과 풍수학의 정면 대결이다.

서울이라는 지명의 탄생과 관련된 속설을 조선 후기 방랑 실학자 청화산인 이중환은 『택리지』에서 소개하고 있다. '성을 쌓으려고 했으나 둘레의 원근을 결정하지 못하던 중 어느 날 밤 큰 눈이 내렸다. 그런데 바깥쪽은 눈이 쌓이는데 안쪽은 곧 눈이 사라지는 것이었다. 태조가 이상하게 여겨 눈을 따라 성터를 정하도록 명했는데 이것이 바로 지금의 성 모양이다'라는 기록이다. 나중에 눈이 녹은 지역이 도성 안이 됐다. 눈雪이 쌓여 생긴 울울타리이라고 하여 도성 안쪽을 '설울'이라고 불렀으며 그것이 '서울'로 전이됐다는 얘기다.

수도首都를 나타내는 유일한 순우리말 지명인 서울의 유래는 「처용가」의 첫 구절 '새벌'이 서라벌을 거쳐 서울로 변했다는 양주동의 풀이가 정설로 돼 있다. 새벌이 서울의 옛말이라는 것이다. 그러나 전우용은 삼한시대의 성스러운 곳 소도蘇塗의 '소'가 새벌의 '새'와 같으므로 서울은 '솟벌'이나 '솟울'에서 온 것으로 보았다. '솟은 벌'이나 '솟은 울'이 '신의 땅'이나 '신의 울'이며 한자로 번역하면 신시神市라는 주장이다. 김정호가 그린 서울 지도 「수선전도」에서 보듯 서울을 '으뜸가는 선'인 수선首善으로 표기한 것과 같은 이치라는 풀이다.

입으로만 전해진 서울이란 지명은 1896년 4월 7일 발행된 우리나라 최초의 민간신문 「독립신문」 창간호에서 처음 공식 표기됐다. 「독립신문」 한글판의 제호 아래 '조선 서울'이라고 표기하고 있고, 영문판에서는 'SEOUL KOREA'라고 발행지를 인쇄했다. 서울이 '서울특별시'가 된 유래는 희극적이다. 해방 후에도 서울은 여전히 경기도 경성부였다. 미 군정청은 1946년 '서울은 경기도 관할에서 독립, 자유 독립시가 된다'라고 발표했다. 영어 원문에는 'Seoul established Independent City'서울독립시의 설치라고 기록됐다. 하지만 법령 번역을 맡은 군정청 한국인 직원이 서울독립시는 한국 정서에 맞지 않는다고 생각해 고민 끝에 '서울특별시'라고 고쳐 표기한 것이 오늘에 이르렀다.

또 한 가지는 정도전과 무학대사로 대표되는 유교와 불교의 한판 대결이다. 두 사람은 경복궁 명당이 앉을 자리를 정해줄 주산主山을 백악북악으로 할 것인지 아니면 인왕산으로 할 것인지를 놓고 치열하게 경쟁했다. 차천로는「오산설림」에서 "무학은 '인왕산을 진산주산으로 삼고, 백악과 목멱산남산을 청룡과 백호로 삼으시오'라고 하였으나 정도전이 수용하지 않자 '내 말을 듣지 않으면 200년이 지나서 내 말을 생각할 것'이라 하였다"라는 설화를 전했다. 무학의 예언은 맞아떨어졌다. 200년 후라는 것은 임진왜란과 병자호란을 뜻한다.

태조가 정도전의 손을 들어주면서 주산은 백악으로 결정됐다. 무학은 굴하지 않고 도성을 쌓을 때 인왕산 선바위를 도성 안에 포함할 것을 제안했다. 선바위를 왕성 안에 집어넣어 불교의 중흥을 꾀하려는 몸부림이었으나 또다시 삼봉에 의해 바깥으로 밀려났다. 2전 2패를 당한 무학은 '불교가 망할 것'이라고 개탄했다. 얄궂은 운명인지 스님의 형상을 닮은 선바위 옆에는 일제강점기 남산에 조선신궁을 짓느라 쫓겨 난국사당이 자리했다. 불교와 무속신앙이 500년이 지나고 나서 한자리에서 해후한 셈이다.

조선 개국의 설계자 정도전이 한양도성 건설에 미친 영향은 절대적

무학대사.

이다. 종묘와 사직 그리고 궁궐은 물론 관아와 시장의 터를 잡았고 도성 성곽의 윤곽도 결정했다. 서울을 5부동·서·남·북·중부, 52개 방으로 나누고 경복궁을 비롯해 궁궐 전각의 명칭을 정하는 일도 모두 그의 생각대로였다. 검소하면서도 누추하지 않고, 화려하면서도 사치스럽지 않은 서울을 건설하는 것이 그의 목표였다. 유교 국가의 출범을 알리는 북소리였다. 신라 천 년과 고려 500년을 풍미한 불교와 풍수도참설은 시대의 도도한 흐름 앞에 무릎을 꿇었다.

왕권의 상징에서 '서울 에워싼 성곽'으로 의미축소

한양도성이란 무엇인가. 한양도성은 조선시대 한성부, 한성, 한양, 서울을 나타내는 표상이었다. 한양도성이 곧 조선이었다. 더불어 수도, 수선, 도읍, 도성, 왕성, 황성, 궁성, 경조, 경도, 장안, 사대문 안의 통칭이기도 하다. 서울을 나타내는 모든 용어 중 가장 대표적이고 권위 있는 명칭이었다. 한양은 세계에서 가장 큰 수도 중 하나였다. 17세기 후반 프랑스 파리가 10만 명, 영국 런던이 15만 명이었을 때 한양 인구는 20만 명에 육박했다. 규모로 보아도 현존하는 세계 수도의 성곽 중 서울을 둘러싼 성곽이 가장 크다.

그런데 현실은 딴판이다. 우리는 '한양도성=서울을 에워싼 18,627킬로미터의 성곽'이라고 범위를 좁혀 해석하고 있다. 내용물은 다 빼고 도성을 둘러싼 성곽만 내세우는 축소지향의 우를 범하고 있다. 한양도성은 조선 500년 내내 성곽으로 둘러싸인 한성부 전체를 지칭하는 당당한 국가 권력의 표상이었다. 도성 밖 10리를 나타내는 성저십리城底十里와 구별하려는 의도에서 쓰인 사대문 안과 같은 권역을 나타내지만, 의미는 훨씬 공식적이고 권위적이었다.

성곽은 조선을 통틀어 유일무이의 대도시인 한양도성 안을 관리, 운영할 목적에서 세워진 상징 벽이었다. 여덟 개의 크고 작은 문인 흥인지문~광희문~숭례문~소의문서소문~돈의문~창의문자하문~숙정문~혜화문은 한양도성의 관문이었다. 상경上京과 낙향落鄕이 구분되는 시대의 경계선이었다. 궁궐을 에워싼 백악~낙타산낙산~목멱산~인왕산 등 내사산內四山을 잇는 도성은 외적 방어용이 아니라 왕권과 통치의 상징이었다. 외적의 침입과 방비, 농성을 위해 북한산성과 남한산성, 탕춘대성 등 산성을 도성외곽에 따로 쌓은 것을 보면 알 수 있다.

한양도성과 서울성곽은 엄격하게 구분해야 한다. 서울성곽이라는 용어를 쓰려면 '서울성곽=조선시대의 옛 서울인 한양도성을 둘러싼 성곽'이라고 분명하게 정의해야 한다. 개발연대 몰지각한 권력자와 도시 행정가들이 한양도성에서 성곽만 따로 떼 '서울성곽'이라고 멋대로 이름 붙인 것이 이런 결과를 낳았다. 도성 안 문화재와 유물은 마구잡이로 깔아뭉개면서 일제가 헐어버린 성곽은 잇는다는 앞뒤 맞지 않은 복원 계획이 화근이었다. 박정희 대통령의 지시를 받은 구자춘 서울시장이 1975년

서울 성곽
지정번호 : 사적 제10호
시 대 : 조선 태조 5년(1396)
소 재 지 : 서울특별시 종로구 혜화동 일원
이 성곽은 조선을 세운 태조가 한양으로 도읍을 옮긴 후
전쟁을 대비하고, 사람들의 출입을 통제하거나 도적을
방지하기 위해 쌓은 시설이다. 한양으로 도읍을 옮긴
2년 후인 1396년에 모두 20만 명을 동원하여 쌓았고,
26년 후인 세종 4년 (1422)에 모두 돌로 쌓는 한편,
활과 총을 쏠 수 있는 시설을 만들었다.
높이가 12m, 둘레가 약 18km로 서울의 북악산 ·
인왕산 · 남산 · 낙산의 능선을 잇고 있는데 모양은
타원형에 가깝다. 각각 동쪽과 서쪽에 흥인지문과
돈의문, 남쪽과 북쪽에 숭례문과 숙정문의 사대문을
냈으며, 북동쪽과 남동쪽에 혜화문과 광희문, 북서쪽과
남서쪽에 창의문과 소의문, 사소문을 냈다.
서울 성곽은 일제의 침략과 해방후 한국전쟁 혼란기에
많이 파괴되었으나, 서울시는 1975년부터 종합적인
서울 성곽 복원사업을 시작하였다.

© 노주석

서울성곽 안내판.

'서울성곽 중·장기종합정비계획'을 세웠고, '서울성곽복원위원회'가 구성되면서 한양도성이라는 당당한 이름이 복권되지 못하고 서울성곽이라는 중성적 이름으로 둔갑한 것이다. 천박한 역사 인식과 자가당착이 빚은 비극이다.

뒤늦게 정신을 차린 문화재위원회가 2011년 사적 제10호 서울성곽의 명칭을 '서울한양도성'으로 바꿨지만 늦어도 한참 늦었다. 그뿐만 아니라 유네스코 세계문화유산 등재에 눈이 어두워 서울성곽을 '서울한양도성 성곽'이라고 분명히 밝히지 않고 서울한양도성이라고 어정쩡하게 명명하는 과욕을 부려 또 다른 오해와 시비를 불러들였다.

차라리 서울성곽이라고 놔두는 편이 나았다. 우리는 도성을 둘러싼 성곽과 여덟 개의 대·소문이 한 몸이란 사실을 가끔 잊곤 한다. 숭례문과 흥인지문이 국보 1호, 보물 1호인 줄은 알고 있지만, 이들 문이 한양도성의 출입문이라는 점은 실감이 나지 않는다. 성곽을 상실한 숭례문과 흥인지문을 너무 오랫동안 보아왔고, 출입이 통제된 숙정문과 차량 통행에 방해된다며 철거해버린 돈의문을 아예 보지 못한 탓이다. 그것이 이 시대를 살아가는 보통 사람들의 잘못은 아니지 않은가.

한양도성은 2012년 유네스코 세계문화유산 잠정 목록으로 등재됐고 정식 등재는 시간문제라고 한다. 송인호 서울시립대 서울학연구소장은 「한양도성의 유산 가치와 진정성」이라는 논문에서 "서울성곽의 영어 표기가 'Seoul Fortress'인데 반해 한양도성은 문화유산 등재 때 'Seoul

City Wall'이라고 표기됐다"면서 "Fortress가 방어 요새로서의 역할만을 제한적으로 표현하고 있지만 City Wall은 역사 도시의 도시 성곽으로서 의미를 포괄적으로 표현하고 있기 때문에 용어의 정의부터 정확하게 할 필요가 있다"라고 한양도성을 둘러싼 전반적인 용어와 개념 정리를 주장했다. 세계문화유산 등재보다 더 시급한 일일 수도 있다.

서울성곽을 한양도성이라고 명칭을 바꾼 지 4년째를 맞지만 성곽 앞에 세워진 안내판에는 여전히 서울성곽이라고 표기돼 있다. 한번 머릿속에 박힌 용어나 명칭은 쉽사리 바뀌지 않는다. 식민 시기 서울의 조상산인 삼각산을 북한산이라고 엉뚱하게 이름 붙임으로써 정체성이 훼손된 것처럼 용어의 변질은 의미의 변질을 수반하는 것이다. 이제 사람들은 한양도성과 서울성곽을 헛갈리고 있다. 묵은 역사 인식을 바꾸려면 안내판부터 제때 바꿨어야 했다. 정책을 수립하는 문화재청과 서울시는 한양도성이라고 하는데 이를 운영하는 자치구는 서울성곽이라고 우기니 어느 장단에 춤을 춰야 할지 모르겠다.

한양도성의 낮.

© 「서울신문」 포토라이브러리

한양도성의 밤.

한양도성 북악자락의 위용.

© 「서울신문」 포토라이브러리

왜 그렇게
한양도성 축조에 매달렸나

조선 최대의 역사役事가 최고의 역사歷史로 남다

조선시대 최고의 베스트셀러이자 최고의 풍수지리서인 『택리지』를 지은 청화산인 이중환은 한양도성을 보고 '온 나라 산수의 정기가 모인 곳一國山水聚會精神之處'이라고 평가했다. 한양도성은 한양을 둘러싼 백악~낙타산~목멱산~인왕산 등 내사산內四山 능선을 따라 흐른다. 성곽은 암벽을 만나면 멈춘다. 자연이 인공을 대리하는 절묘한 경관이 펼쳐진다.

성곽을 따라 걷노라면 내가 안에 있는지 밖에 있는지 잊게 된다. 평지에 세워진 성곽이 안팎을 차단하는 데 반해 한양도성 성곽은 안과 밖을 분리하고 있지만, 시각적으로는 열려 있다. 성곽이 산수山水와 한 몸을 이루는 세계 유일의 역사 도시 경관이다. 평지에 네모반듯하게 구획된 중국식 성과는 뚜렷하게 다른 조선만의 것이다.

조선 개국의 기획자이자 서울의 설계자였던 정도전은 「한양팔경」에서 '성은 높아 철옹인데 천 길이요/구름은 봉래산 둘렀는데 오색일세/해마다 상원上苑에는 꾀꼬리와 꽃인데/해마다 서울 사람들 놀며 즐기네'라고 도성의 풍광을 맘껏 읊었다. 성종 때 온 명나라 사신 동월은 「조선부」에서 '높고 높은 삼각산으로 자리를 정했고/푸르고 푸른 수많은 소나무로 덮였다/산들이 성벽을 둘러싸며 훨훨 나는 봉황이 환히 빛나고/모래가 소나무 뿌리에 쌓여 있어 흰 눈이 갓 갠 듯하다'라고 찬탄을 아끼지 않았다.

한양도성 성곽은 도성 출입자를 통제하거나, 침입자를 막는 단순 용도에 머물지 않았다. 성 밖을 파서 연못으로 만든 해자垓子가 없다는 것은 방어 개념이 아니라는 방증이다. 도성 밖에서 도성 안으로 드나드는 여덟 개의 크고 작은 문 중 숭례문 밖 남지南池, 홍인지문 밖 동지연지, 돈의문 밖 서지반송지 같은 연못을 조성한 것은 물의 부족과 화기를 막으려는 풍수기법이었다. 성문은 도성 중심에 있는 보신각 종루에서 울리는 인경밤 10시과 파루새벽 4시의 종소리에 맞춰 열고 닫았다. 성문의 개폐가 곧 통행금지와 해제를 뜻했다. 한양도성 내 일상생활의 시작과 끝이 한양도성 성곽에서 비롯되고 맺었다.

임진왜란과 병자호란 양란으로 무너진 도성 성곽을 숙종이 대대적으로 정비했다. 도성과 북한산성을 연결하는 탕춘대성을 지어 허술한 방어체계를 보완한 숙종의 속마음이 『비변사등록』에 드러나 있다. 숙종은 '처음부터 도성은 넓고 커서 지키기 어렵다고 여겼다. 도성의 축조가 당초에 성을 지킬 계책에서 나온 것이 아니므로 원래 견고하지 못했다'라고 했다.

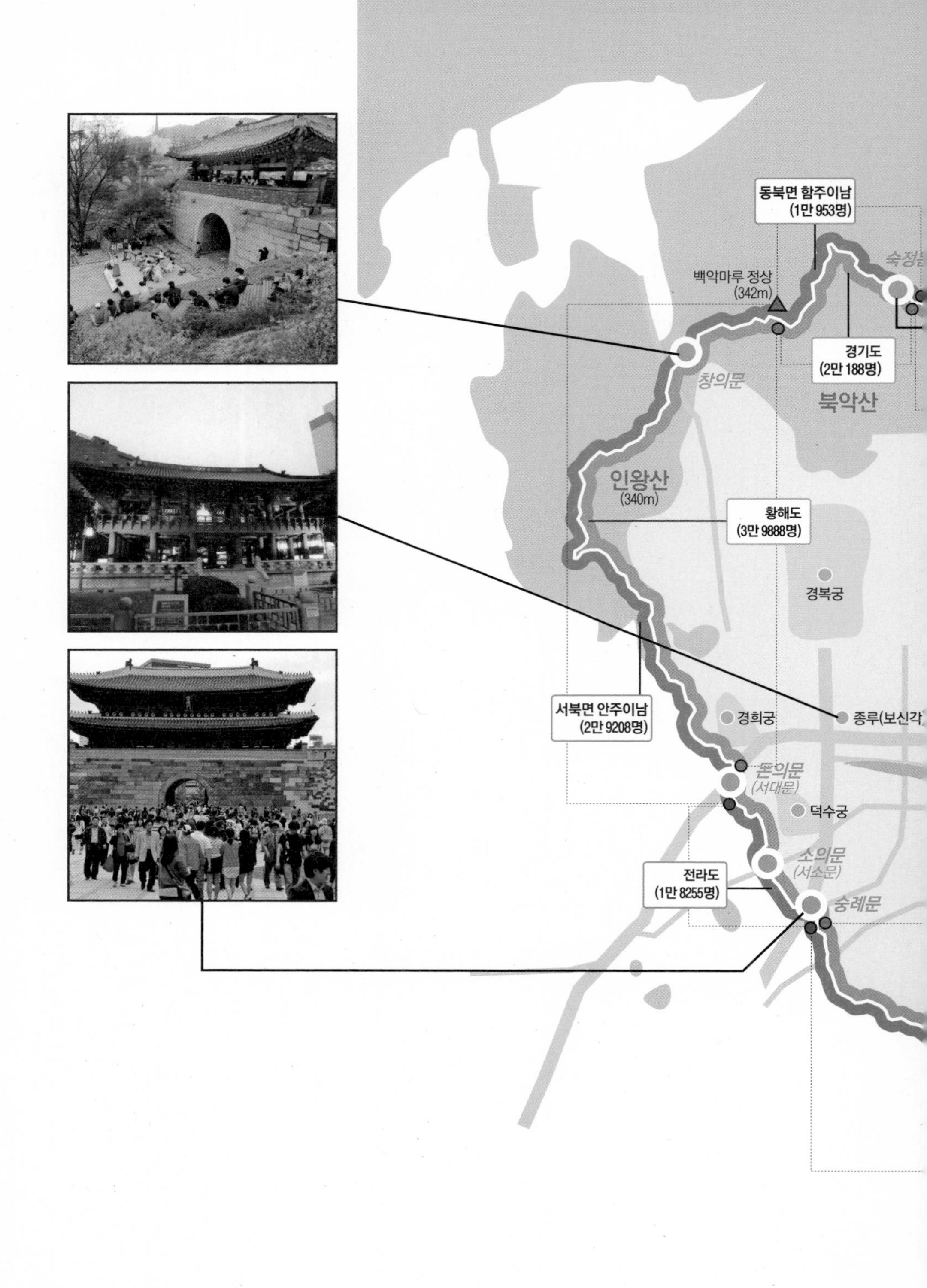
동북면 함주이남
(1만 953명)
백악마루 정상
(342m)
숙정
경기도
(2만 188명)
창의문
북악산
인왕산
(340m)
황해도
(3만 9888명)
경복궁
서북면 안주이남
(2만 9208명)
경희궁
종루(보신각
돈의문
(서대문)
덕수궁
소의문
(서소문)
전라도
(1만 8255명)
숭례문

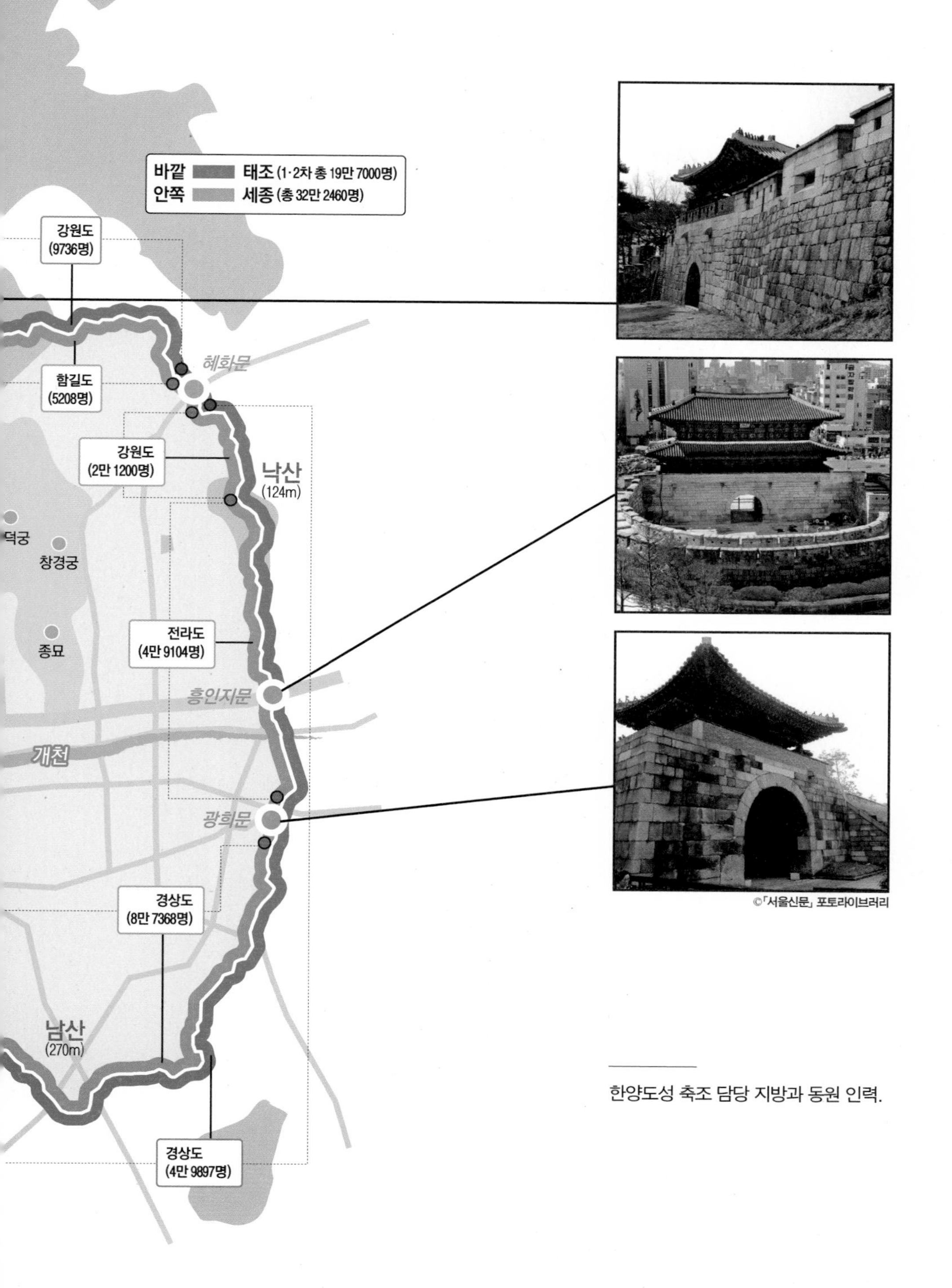

한양도성 축조 담당 지방과 동원 인력.

'각자성석'의 비밀

그렇다면 조선의 역대 왕들이 그토록 한양도성 성곽의 축조와 개·보수에 매달린 까닭은 무엇일까. 지배집단과 피지배집단 사이의 통치 질서를 확인하고, 외적 방어와 내부 적대 세력을 물리칠 수 있다는 국력을 표현하면서, 왕권의 존엄성을 대내외에 과시하려는 의도이다. 무릇 성城이란 동서와 고금을 막론하고 지배 이데올로기의 경관적 표출이기 때문이다.

서울에 남아 있는 한양도성 성곽은 조선 태조가 18킬로미터의 울타리를 처음 정한 이후 역대 왕이 개·보수를 거듭한 600년의 역사 층위가 오롯이 살아 있는 희귀한 문화유산이다. 이렇듯 큰 수도 성곽이 유지돼 남은 것은 세계적으로 드물다. 고고학적 조사와 문헌 기록, 성벽에 새겨진 축조 당시의 기록을 통해 살펴보면 태조, 세종, 숙종, 순조 등 네 임금이 주로 쌓았는데 시대에 따라 각각 다른 석축기법이 성곽에 남아 있다.

개국조 이성계는 내사산을 따라 도읍의 윤곽을 정한 자리에 성을 쌓았다. 고구려 때부터 전해오던 산성 축조기법을 주로 썼고 성곽의 3분의 2는 흙으로 쌓았다. 이성계는 석재를 구하려고 문무 양반 관료들에게 의무적으로 돌을 바치도록 독려했으나 쉽지 않았다. 왕권을 강화한 세종은 흙성을 메주 크기의 돌로 바꿔 옥수수 알을 심듯 성곽을 쌓았다. 현재의 한양도성 성곽을 사실상 재축조했다고 볼 수 있다.

1592년 임진왜란 때 도성은 무용지물이었다. 선조는 싸울 의지도, 겨를도 없이 몽진 길에 올랐다. 파죽지세로 올라온 왜군 선봉장 고니시 유키나가가 흥인지문 옹성의 위세를 보고 안도의 한숨을 내쉬었다고 한다. 평양성 전투가 60일을 끈 것을 참작하면 조선 관군이 한양도성에서 버텼다면 호락호락하지 않았을 것이다.

40여 년 후 병자호란에 휘말렸다. 청은 항복 조건에 '성벽을 수리하거나 신축하는 것을 허락하지 않는다'는 조항을 넣었다. 인조가 남한산성에 들어가 45일간 결사항전하자 함락에 실패한 분풀이였다. 이후 축성 행위가 공식적으로 금지됐지만, 조선 국왕들은 청의 감시를 틈타 도성과 산성의 개·보수를 암암리에 진행했다. 숙종과 순조 때는 무너진 곳을 보수하면서 장정 4명이 들 정도의 크고 반듯반듯한 돌을 사용하는 등 성석城石의 대형화와 규격화를 꾀했다. 조선 왕들은 태조에게서 성곽 쌓기라는 유전인자를 물려받은 것처럼 보인다.

성곽 돌에 새겨진 이름과 지명 등을 '각자성석刻字城石'이라고 하는데 서울시 한양도성도감에 따르면 2013년 12월 한양도성에는 모두 252개의 각자성석이 존재한다. 각자성석에 나타난 시대를 분석한 결과 14명의 임금 이름이 등장하는데 확인이 불가능한 44개17퍼센트는 제외됐다. 이중 세종 때 것이 113개로 44퍼센트를 차지했고 순조 40개15퍼센트, 태조 23개9퍼센트. 숙종이 19개7퍼센트의 순서였다. 그래서 어느 임금 때, 어느 지역에서 동원된 인력이 성곽을 쌓았는지 확인이 가능하다.

태조 대의 토성은 남산 일대에 일부 남아 있고, 세종 대에 쌓은 돌성이 현재 남아 있는 성곽 12킬로미터 중 메주돌 부분이다. 이성계는 1, 2차에 걸쳐 98일 만에 공사를 마무리했다. 4대문숭례문·흥인지문·숙정문·돈의문과 4

소문소의문·광희문·혜화문·창의문의 이름을 지었다. 토성이 7할, 석성이 3할을 차지했다.

토성이 장마에 무너지자 세종은 43만 명의 병력을 동원해서 견고한 돌성으로 개축한다는 어마어마한 계획을 세웠다. 당시 호구 자료에 따르면 조선의 인구는 672만 명이었고 도성 인구는 10만 명이었다. 일부 신하들을 중심으로 인력 동원의 문제와 석재난 등을 들어 중국 사신이 드나드는 무악재~남산 부분만 돌로 쌓자고 건의했으나 상왕인 태종의 의지가 워낙 강했다. 세종은 반대 의견이 빗발치자 10만 명을 줄여 32만 2,400명의 동원을 결정했다. 석공 등 장인 2,211명은 별도였다. 태조 때 봄·가을 두 차례에 걸쳐 19만 7,000명을, 고려 현종 때 개경 나성 축조에 23만 명을 동원한 것과 비교해볼 때 역사상 가장 큰 규모의 대역사였다.

도성 인구의 3배를 넘는 인력이 전국 팔도에서 몰려들었다. 세종은 엄격했다. 병력을 늦게 보낸 경상도 관찰사에게 죄를 묻고, 수령은 봉고파직시켰다. 태종과 세종은 수시로 술을 내려 격려했다. 공사는 38일 만에 끝났지만 872명이 사고로 목숨을 잃었다. 다친 사람도 부지기수였다. 도성에 쌀이 동나고 전염병이 돌아 희생자가 더 늘어났다.

한양도성 축조는 막무가내로 이뤄진 것이 아니다. 지역 사정과 인구에 따라 인력과 담당 구역을 균등하게 분배했다. 부역은 고달프지만 불평하지 않도록 과학적으로 안배됐다. 태조 1차 축조 때 동원된 인력은 평안도의 안주 이남과 함길도의 함주함흥 이남, 강원도, 경상도, 전라도 등에서 11만 8,049여 명이 동원됐다. 청천강 이북과 함경도 국경 지역은 국방상의 이유로 제외했다. 황해도, 경기, 충청도 등 도성 가까운 지역 인력은 차후 보완 및 보수를 위한 예비 인력으로 남겼다.

농번기를 피했고 도성에서 먼 곳과 가까운 곳이 서로 겹치지 않게 했다. 성터 전체가 영조척營造尺·약 30센티미터으로 5만 9,500자18킬로미터이므로 백악에서 시계방향으로 600자약 180미터씩 97개 구간이다. 97개 구간을 천자문 순서에 따라 하늘 천天~조상 조弔까지 차례로 순서를 정하고 담당 구간을 균등 배분했다. 예를 들면 함길도 함주함흥에서 동원된 1만 953명은 백악마루에서 숙정문까지 구간을 맡았는데 천天, 지地, 현玄, 황黃, 우宇, 주宙, 홍洪, 황荒, 일日까지 9개 구간이며 맡은 길이는 5,400자1636미터였다. 4만 9,897명으로 팔도에서 가장 많은 인력이 동원된 경상도는 혜화문에서 숭례문까지 41개 구간을 맡았다. 어느 구간을 맡든 1인당 평균은 0.493자14.9센티미터로 같았다.

공사의 감독 체계도 혀를 내두를 정도로 치밀했다. 총감독으로부터 아래로 점차 구역별 책임자가 늘어나는 피라미드식 그림이 나온다. 하나의 자호字號 구간은 600자 구간을 다시 6개의 작은 구역으로 나눠 100자약 30미터를 가장 작은 구역 단위로 삼았다. 판사, 부판사, 사, 부사, 판관이라는 감독관을 두었다. 성곽을 담당한 지역의 이름과 감독자, 석공의 이름을 돌에 새겨 무너지거나 부실이 발생했을 때 책임을 물었다. 요즘 서울 시내 보도블록에 시공자의 이름을 새기는 '공사실명제'가 이때 이미 실행된 셈이다.

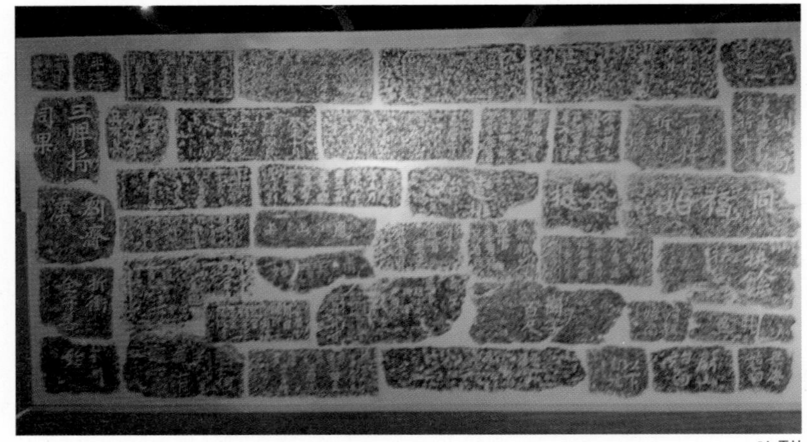

각자성석 모음 사진이 한양도성박물관에 전시되어 있다.

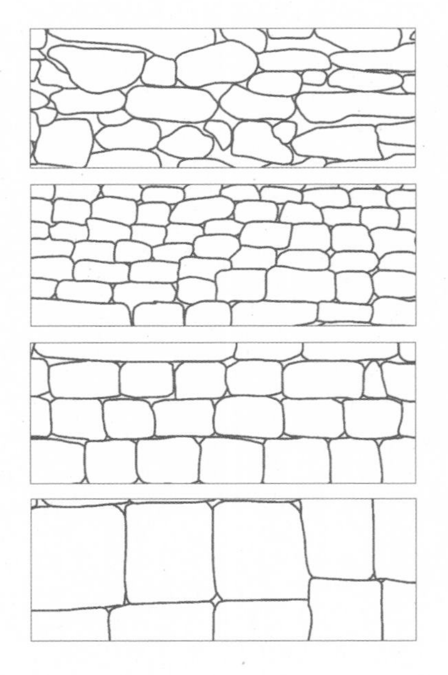

태조 때의 도성 축조(1396) 1396년 1월과 8월, 두 차례 공사를 통해 축성을 마무리했다. 산지는 성석, 평지는 토성으로 쌓았다. 성들은 자연석을 거칠게 다듬어 사용했다.

세종 때의 도성 축조(1422) 1422년 1월, 도성을 재정비했다. 이때 평지의 토성을 석성으로 고쳐 쌓았다. 성돌은 옥수수알 모양으로 다듬어 사용했다.

숙종 때의 도성 축조(1704~) 무너진 구간을 여러 차례에 걸쳐 새로 쌓았다. 성돌 크기를 가로세로 40~45센티미터 내외의 방형으로 규격화했다. 이로써 이전보다 더 견고해졌다.

순조 때의 도성 축조(1800~) 가로세로 60센티미터 가량의 정방형 돌을 정교하게 다듬어 쌓아올렸다. 각자성석은 여장에 있다.

도성 축조의 대역사는 신생국 조선에 엄청난 영향을 미쳤다. 팔도에서 몰려든 장정들은 한양에 모여 공동 작업을 하면서 대화를 나눴다. 그 과정에서 타 지방의 정보를 얻어 자기 고향으로 돌아갔다. 도성을 오가는 과정에서 생전 처음 이웃 고을과 먼 고을을 보고 물산을 터득했다. 도성 축조는 단순한 부역 동원이라기보다 당시 백성의 인생관과 세계관을 넓힌 일대 사건이었을 것이다. 태조와 정도전, 무학대사의 이야기와 세종과 한양의 풍광에 대한 얘깃거리가 방방곡곡 퍼져나갔기 때문이다.

조선 초 한양도성 성곽 축조로 말미암아 조선이라는 나라의 건국은 거스를 수 없는 대세가 됐다. 그때 처음 본 한양에 대한 인상이 내 자식은 한양으로 벼슬살이를 보내겠다는 서울중심주의를 형성했을 것이다. 한양도성과 성곽의 축조는 '역사役事'가 아니라 '역사歷史'가 되었다. 조선이 500년이라는 긴 수명을 유지한 원천이 됐다. 내 손으로 지은 도성의 위용을 경험한 백성의 마음속에 조선이라는 나라의 국혼이 깃들었다. 이것이 의병과 위정척사, 항일의병을 촉발한 원동력이 아니었을까.

남산 회현자락 발굴로 땅속에 묻혔던 한양도성 성곽 일부가 복원돼 백범광장으로 재개장됐다.

'섬'이 되어버린 사대문

한양도성은 어떻게 훼철됐나

한양도성은 일제 히로히토 황태자의 1907년 10월 서울 방문을 계기로 파괴되기 시작했다는 게 통설이다. 천황이 될 지엄한 몸이 보호국의 성문숭례문 아래를 지날 수 없다며 헐어냈다는 설이다. 초대통감 이토 히로부미는 당시 콜레라가 기승을 부리자 히로히토를 보호한다고 호들갑을 피웠는데 숭례문 밖 남지南池를 전염병의 온상으로 몰아 메워버렸다. 고니가 유유히 노닐던 연못은 이때 사라졌다.

일제는 사대문 중 산중에 있는 숙정문을 빼고 숭례문, 흥인지문, 돈의문서대문을 다 헐고자 했다. 조선 주둔군 사령관 하세가와 요시미치가 대포를 쏴서 파괴하겠다고 하자 조선거류민단 단장 나카이 기타로가 이렇게 주장했다. "임진왜란 때 가토 기요마사와 고니시 유키나가가 한양을 점령하면서 각각 입성했던 숭례문과 흥인지문은 전승 기념물이므로 후세에 남겨야 한다." 그렇게 숭례문과 흥인지문은 가까스로 살아남았다.

식민 통치가 무르익었던 1925년에는 히로히토 결혼 기념행사를 치를 장소를 만든다면서 흥인지문 양쪽 성곽과 청계천 수계 오간수문과 이간수문, 훈련도감과 하도감을 허물어 땅에 파묻었다. 동대문역사문화공원 동대문디자인플라자으로 옷을 갈아입고 역사의 뒤편으로 사라진 경성운동장 동대문운동장이다. 이간수문과 성곽은 복원됐다.

『고종실록』과 『승정원일기』를 들춰 보면 진위가 의심스러운 대목이 등장한다. 1907년 3월 30일 참정대신 박제순, 내부대신 이지용, 군부대신 권중현이 "동대문과 남대문, 두 대문은…… 사람들이 붐비고 거마가 몰려듭니다. 게다가 전차가 문 가운데로 관통하는데 피하기가 어려워 매양 전차와 부딪히는 경우가 많으니…… 문루의 좌우 성첩성가퀴·城堞을 각각 8칸 허물어 전차가 출입하는 선로를 만들게 하고 원래 정해진 문은 백성이 왕래하는 곳으로만 쓴다면 매우 번잡한 폐단은 없을 듯합니다"라고 고종에게 아뢰었다는 내용이다.

한양도성 성곽의 훼철은 일제의 강압이 아니라 우리 정책인 것처럼 적혀 있다. 사실이라면 성곽 철거는 백성의 통행 불편과 사고 예방 차원에서 각부 대신이 연명으로 건의해 고종의 재가를 얻어 시행됐다고 볼 수 있지만 『조선왕조실록』과는 달리 식민 시기에 집필, 편찬된 『고종실록』을 액면 그대로 믿기는 어렵다.

히로히토의 방한과 도성 훼손은 시기적으로 맞지 않는다는 지적도 있다. 이완용이 총리대신에 취임한 이후인 1907년 6월 24일, '내부대신과 탁지부대신에게 동대문과 남대문의 성가퀴와 성벽 일부를 철거토록 통보했다'는 기록이 남아 있으며 이를 맡을 '성벽처리위원회'가 7월 30일

내려진 '내각령 제1호'에 의해 구성됐기 때문이라는 것이다. 『마지막 황태자』를 쓴 송우혜 작가는 언론에 기고한 칼럼에서 '성벽이 실제 철거된 것은 1908년 3월 중순으로 황태자가 서울을 다녀간 지 5개월이 지난 뒤였다'라고 주장했다. 실제 성곽 철거 기사는 「황성신문」 1908년 3월 10일자와 「대한매일신보」 1908년 3월 12일자에 각각 실렸다. 일제에 대한 증오심 유발용으로 일본 황태자 원인설을 조작, 유포했을 가능성이 있다는 지적이다.

비록 히로히토 방한 시기에 성곽이 손상되지 않았다 하더라도 일제가 급조한 성벽처리위원회가 한양도성 훼철의 주범이라는 사실은 부인 못한다. 성벽처리위원회는 민간 전문가 조직이 아니라 정부의 차관급 인사로 구성됐는데 당시 각 부 차관 전원이 일본인 관리였다. 이들은 간선도로변의 성벽을 철거키로 하면서 교통 방해를 표면적인 이유로 내세웠다. 저의는 딴 데 있었다. 그들이 자랑하는 도쿄나 교토와 비교할 수 없는 한양도성의 위용을 그냥 두고 볼 수 없었다. '성벽처리'라는 사무적인 기구 명칭에서도 그들의 불순한 의도가 느껴진다.

쭉정이가 머리 드는 법이고, 어사는 가어사假御使가 더 무섭다고 했다. 백성을 위한다면서 전찻길을 따로 내자고 건의한 박제순, 이지용, 권중현과 성벽처리위원회 설치를 명하는 내각령 1호를 발동한 이완용은 이근택과 함께 우리에게 '을사오적'으로 더 익숙한 매국노들이다. 을사늑약 체결 당시 이완용은 학부대신, 박제순은 외부대신, 이지용은 내부대신, 권중현은 농상공부대신이었다. 백성을 팔아 일제의 환심을 사려는 사리사욕의 발로가 아닌가 한다. 이들이 제일 먼저 한 일이 성벽처리였다면 우연치곤 너무 고약하다.

1905년 을사늑약 체결로 외교권을 빼앗고 1907년 고종을 강제 퇴위시킨 일제는 거칠 것이 없었다. 1910년 병탄에 앞서 국가와 왕권을 상징하는 도성의 해체는 정해진 수순이었다. 그들은 태조가 행했던 나라 세우기의 역순으로 와해를 꾀했다. 도성 성곽 해체가 식민지 건설의 첫 단추라고 본 것이다. 일제가 성곽을 거느린 위풍당당한 숭례문과 흥인지문을 문루만 덩그러니 남은 도심의 외딴섬으로 만든 까닭이다.

서울의 정체성 바로 세우기

도성 성곽의 해체는 왕조의 멸망과 외세의 지배를 백성에게 피부로 느끼게 했다. 무장해제된 도성문의 초라한 행색이 우편엽서로 만들어져 전국에 뿌려졌고 전국 각 읍성의 성곽도 뒤이어 철거됐다. 500년 동안 익숙했던 도성 출입 시스템이 바뀌면서 생활상도 급변했다. 매일 새벽 4시와 밤 10시를 기해 도성 문을 여닫으면서 통행금지 해제인정·人定와 통행금지파루·罷漏를 알리던 보신각 종소리가 사라졌기 때문이다. 도성 출입과 하루의 시작 및 끝을 알리던 전통적인 통제 장치가 사라지면서 일상이 무너졌다. 성곽이 없는 문은 의미를 상실했고 지엄한 권위도 힘을 잃었다. 도성 해체는 국권 상실을 뜻했다.

한양도성 성곽의 전체 둘레는 모두 18.627킬로미터이지만 남아 있는 산악 지역 성벽을 제외한 도심 구간 5.471킬로미터는 멸실됐다. 12.4킬로미터만 사적 제10호 '서울한양도성'으로 지정돼 있다. 훼손이 가장 심한 구간은 돈의문~숭례문~흥인지문 구간이다. 일제와 친일파는 처음 숭례문 양쪽 성곽 8칸을 허물어 전찻길을 낸다고 했다가 야금야금 다 허물었다. 남산~숭례문 구간도 조선신궁을 지으면서 지형을 변형시켰다. 최근 회현지구 정비가 마무리돼 남산자락 성곽이 위용을 드러냈고 옛 조선신궁 터 복원이 진행 중인 것을 위안으로 삼을 수밖에 없다.

창의문자하문~백악북악~숙정문~혜화문 구간은 대부분 복원됐지만 서울과학고와 경신고 사이 일부 구간은 성벽이 담장이나 축대로 쓰이는 형편이다. 숭례문은 화재 소실을 계기로 성첩 일부를 복원했지만 흉내에 그쳤다. 소덕문서소문~돈의문 구간에는 잔존 유구가 지하에 묻혀 있다. 정동 구간 중 주한 러시아 대사관과 창덕여중 등에 성곽이 포함돼 복원 가능성이 희박하다. 강북삼성병원에서 사직터널에 이르는 돈의문~창의문 구간에는 손길이 아직 미치지 않았다.

흥인지문~광희문 구간은 운동장을 헐고 역사문화공원을 조성하는 과정에서 다행히 복원이 이뤄졌다. 광희문~남소문 구간 중 장충동과 신당동 경계 지역 성곽은 대부분이 주택가에 포함돼 복원까지 시간이 걸릴 듯하다. 이 구간은 박정희 정권 시절 타워호텔반얀트리과 자유센터를

©서울학연구소

©국가기록원

©국가기록원

(위) 일제가 여의도 면적의 2배에 가까운 남산의 수목을 베어내고 성곽을 훼철한 뒤 조선신궁을 세운 1925년.

(가운데) 해방 직후 동양 최대 규모를 자랑하는 이승만 당시 대통령의 동상이 세워진 1958년.

(아래) 동상이 철거되고 어린이회관과 분수대가 들어선 1971년.

짓도록 허가를 내주면서 망가졌다. 한국을 대표하는 건축가로 알려진 김수근은 두 건물을 설계하면서 한양도성 성곽을 완전히 해체했으며 그 돌로 도로변 석축을 쌓는 만용을 부렸다. 일제에 못지않은 훼철을 저질렀다. 문루가 희생된 돈의문, 소덕문, 남소문은 큰 도로가 자리 잡아 원상회복이 어렵다. 청계천의 수문인 오간수문 터는 청계천 복원 과정에서 소외돼 발굴 상태로 방치돼 있다. 혜화문과 광희문도 도로에 자리를 빼앗겨 한옆으로 밀려나 있다.

도시화에 밀려 엉거주춤한 상태인 한양도성을 어떻게 되살릴 것인가. 보수와 복원 그리고 재건이라는 세 가지 방법이 있다. 무너진 성곽을 원재료로 다시 쌓는다면 보수이며, 발굴 등을 통해 드러난 기저부에 새 돌을 다시 쌓아 본래 모습으로 되돌린다면 복원이 될 것이다. 자연재해나 전쟁 등으로 말미암아 파괴되거나 없어진 부분이 기록과 고증에 의해 문화재적 가치를 되찾으면 재건이다.

홀랑 타버려 다시 세운 숭례문을 재건했듯 돈의문, 소덕문, 남소문의 재건 방안을 찾아야 한다. 자리를 옮김으로써 역사 가치를 상실한 광희문과 혜화문은 원위치 이축 방안을 마련해야 할 것이다. 임기 내 청계천 복원 사업을 끝내고자 한 이명박 전 서울시장에게서 버림받은 수표교는 장충단공원에서 본디 자리로 돌아오고 오간수문도 제 모습을 찾아야 할 것이다.

미국 보스턴의 역사 문화적 정체성은 '프리덤 트레일'에 담겨 있다. 건국과 독립전쟁 유적지로 가는 4킬로미터의 길 위에 붉은색 선이 그어져 있다. 그 줄만 따라가면 사적지를 만날 수 있는데 트레일은 보스턴국립역사공원의 일부로 지정돼 있다. 그러나 한양도성 순성巡城길은 이어지지 않는다. 토막 나 있고, 흔적도 없다. 도성 길라잡이의 안내가 없다면 미아가 되기 십상이다.

한양도성 복원과 재건은 서울의 정체성 회복 차원에서 이뤄져야 한다. 한 해 천만 명이 넘는 서울 방문 외국 관광객들은 빌딩 숲과 아파트 단지, 불야성을 이루는 유흥가에서 서울의 이미지를 떠올린다. 한강이나 남산을 서울의 랜드마크로 지목하는 사람도 많다. 서글픈 일이다. 우리는 이천 년 고도 서울의 정체성 확립에 실패한 것이 아닐까.

역사문화 도시 서울의 정체성은 내사산백악~낙산~남산~인왕산에서 흘러내려 사대문을 울타리처럼 감싼 한양도성 성곽에서 찾아야 한다고 본다. 가파른 고갯길과 좁은 골목길을 걷다가 문득 고개를 들면 한옥 처마와 담장 너머로 펼쳐지는 내사산과 그에 겹쳐진 고색창연한 성곽이 곧 서울이다. 내사산과 도성 성곽의 어울림이 서울을 상징하는 도시 경관의 결정체다. 한양도성 순성이 서울 관광의 알갱이라는 사실을 웬만한 외국인은 다 알고 있다.

©「서울신문」 포토라이브러리

복원 공간이 부족하다는 이유로 남산 장충공원에 그대로 남아 있는 청계천 수표교와 복원된 청계천을 내려다보는 시민들.

©「서울신문」 포토라이브러리

한양도성 낙산 구간 흥인지문~혜화문 가는 길의 서울디자인지원센터에 자리 잡은 한양도성박물관의 전경.

©「서울신문」 포토라이브러리

내부 전시 공간. 서울시는 한양도성 성곽을 복원해 끊어진 전 구간을 연결하고 유네스코 세계문화유산에 등재하는 등 한양도성 복원 종합 계획을 추진하고 있다.

서울 사수의 꿈

몽진과 산성 축조
북한산성과 탕춘대성은 대내 과시용
'난공불락' 남한산성

시구문(서암문)
원효봉
영취봉
백운대
인수봉
원효암
상운사
위문
만경대
서암사터
수문터
북장대터
노적봉
용암봉
대서문
훈련도감유영터
한창터
노적사
일출봉
의상봉
중성(중성문)
용암사터
국녕사
산영루터
중흥사터
태고사
용출봉
굿당
동장대
용혈봉
부왕사터
행궁터
중취봉
원각사터
대동문
부왕동암문
금영터
보국사터
어영터
북한산성
남장대터
보국문
보광사터
청수동암문
대성문
대남문
©「서울신문」 포토라이브러리

북한산성도.

몽진과 산성 축조

한 번도 지키지 못한 우리의 서울

한국전쟁 최대의 트라우마는 '서울사수'를 외치던 이승만 정부가 전쟁 발발 이틀 만에 서울을 버리고 피란길에 오르면서 한강다리마저 폭파해 150만 서울 시민을 적지에 버린 것이다. 이 대통령은 대전에 머물면서 "서울 시민 여러분, 안심하고 서울을 지키시오. 적은 패주하고 있습니다. 정부는 여러분과 함께 서울에 머물 것입니다"라는 녹음 방송을 내보내 국민을 속였다. 국회가 서울 사수 결의를 전달코자 했을 때 대통령은 경무대에 없었다.

지금으로부터 64년 전 그때 한강다리를 넘지 못한 서울 사람들의 원한이 부동산 투기로 이어져 오늘의 강남 아파트 공화국을 탄생시켰는지도 모른다. 몽진蒙塵의 역사는 길다. '서울사수'는 한국전쟁 때 처음 나온 말이 아니다. 고려 이후로 역사를 좁혀도 1010년 거란의 2차 침입 때 도읍 송악개성이 함락돼 현종이 나주로 몸을 피한 것을 시작으로 모두 9

차례 일어났다. 조선 선조와 인조, 고종 등 3명의 왕이 다섯 차례에 걸쳐 의주와 강화, 남한산성, 러시아 공사관으로 각각 몸을 피했다.

인조는 강화, 남한산성에 이어 이괄의 난 때 공주까지 도피한 비운의 '몽진 3관왕'이었다. 그 이전에 네 명의 고려왕현종·고종·충렬왕·공양왕이 거란과 몽골을 피해 강화, 안동 등을 30년 가까이 전전했다. '먼지를 뒤집어쓴다'는 몽진이나, '도성을 떠나 딴 곳으로 간다'는 파천播遷 같은 왕에게만 쓰는 고상한 용어로 헛갈리게 하지만 이승만식 야반도주이기는 매한가지였다.

1751년에 나온 영조의 '수성윤음守城綸音'은 봉건 전제군주의 폭탄선언이었다. 이제는 도성을 버리지 않겠다는 '도성수성론都城守城論'이 이 나라에서 처음으로 본격 거론된 것이다. 인조가 1637년 삼전도에서 청에 항복한 지 114년 만이고, 고종이 1896년 러시아 공사관으로 옮기기 145년 전의 일이다. 사실 도성과 도성민은 방어의 대상이 아니었다. 외적이 침입해 도성에 접근하면 왕은 신속하게 피하는 것이 관례였다.

그 결과 임진왜란 때 왜군은 부산 상륙 18일 만에, 병자호란 때 청군은 압록강을 건넌 지 5일 만에 한양도성을 손에 넣었다.

유사시 왕의 안전을 담보하고자 별도의 보장처피신 장소를 여러 곳에 마련해두는 것을 동양병법의 전통으로 여겼다. 보호해야 할 대상은 오직 왕뿐이었다. 개성, 강화, 화성, 광주 등 4곳에 유수부留守府를 두어 중앙관

서로 삼았다. 왕이 도성 밖으로 행차할 때 머물던 행궁이자 피신처였다. 이중 북한산성과 남한산성은 강화도, 수원화성과 더불어 외침에 대비한 농성 장소였다.

1712년 북한산성 축성 공사를 끝낸 숙종은 북한산성에 올라 〈내 어찌 도성을 지키는 백성을 버릴 수 있으리〉라는 기념시를 지었다. 외침이 있으면 이곳에 들어와 백성과 더불어 성을 지키겠다는 얘기다. 이때 19살이던 연잉군영조은 부왕을 부축해 산성에 올랐다. 도성민을 버리고 도망간다면 결코 인심을 얻을 수 없다는 도성사수 의지가 가슴에 깃든 듯하다. 그러나 역사는 되풀이되는 것인가. 수성윤음이 무색하게 200년이 지난 한국전쟁 때 인민군 남하 3일 만에 대통령은 서울을 버렸다.

영조가 도성을 지키겠다는 결의를 다진 데에는 또 다른 배경이 있었다. 도성 방어 전략의 전환이 불가피한 시대가 찾아온 것이다. 17세기 말, 18세기 초엽 서울의 정치적, 사회적, 경제적 위상은 임진년과 병자년의 양란 이전과 비교할 수 없을 정도로 높아졌다. 도성의 인구가 30만 명에 육박했고, 상공업의 발달로 서울은 거대한 소비 도시가 됐다. 중세 유럽의 대도시를 능가하는 수준이었다. 선비들의 낙향 문화는 사라지고, 경화사족京華士族의 벼슬길 독점이 극심했다. 서울은 조선에서 유일무이한 대도시였고, 서울을 떠난 왕은 존재할 수 없는 시대를 맞은 것이다.

서울을 버릴 수 없는 속사정과 함께 이제는 중국과 일본을 향해 큰소리칠 때가 왔다는 자신감의 발로이기도 했다. 숙종 이후 영조에 걸쳐 삼

1900년대 전후 새뮤얼 모펫 선교사가 촬영한 위쪽 사진에는 홍지문을 중심으로 탕춘대성의 성곽과 오간수문의 위용이 뚜렷하지만, 아래쪽 현재 사진에서 성곽은 흔적조차 찾아볼 수 없고 오간수문만 덩그러니 남았다.

군부를 중심으로 도성 방어 군사 체제를 정비하면서 이들 병력을 동원해 한양도성과 남한산성을 대대적으로 정비했다. 더불어 북한산성과 탕춘대성을 쌓으면서 도성 방어 체제가 비로소 갖춰졌다고 본 것이다. 이승만 정권의 서울 사수 방송은 대국민 사기극이었지만 영조가 직접 지어 반포한 도성수성 의지는 탄탄한 국력의 과시이자 거듭된 환난에 고생한 대국민용 위로였다.

영조의 도성수성론과 이승만의 서울사수론

조선 개국 이후 서울의 정식 명칭은 한성漢城이었다. 백성은 한양漢陽이라는 별칭을 즐겨 썼다. 삼국시대 이래 지역명 한주, 한산漢山의 맥을 이어받은 지명이다. 기원전 18년 한성백제가 터 잡은 이후 한강漢江 아래쪽 지금의 강남땅이 중심이었지만 1392년 조선이 백악 아래 오늘의 사대문에 도읍을 정하면서 한강 이북으로 중심지가 북상했다. 한강을 중심으로 북쪽에 있는 산은 북한산北漢山이요, 산성은 북한산성北漢山城이다. 삼각산은 세 개의 뿔백운대 · 만경봉 · 인수봉을 이르는 신령스러운 산 이름이지만 한강 북쪽 산은 모두 북한산이라는 인식이 강해서 본래 산 이름이 희미해졌다.

한강 남쪽 산은 남한산南漢山이요, 성은 남한산성南漢山城인 점도 자연스럽다. 남한산성은 세계 최강 10만 청군의 공격을 45일간 버틴 금성탕지

金城湯池이자 난공불락의 철옹성鐵甕城이었다. 남한산성은 함락된 것이 아니다. 강화도 함락과 주사파와 주화파의 분열 그리고 식량이 떨어지자 왕이 스스로 걸어서 내려온 것이다. '성곽의 증축과 수리는 사전에 허락을 받을 것'이 여섯 번째 항복 조건일 정도였다. 남한산522미터이 최고봉이고 산성은 일장산과 주장산 두 산 사이에 걸쳐 쌓았다. 우리에게 북한산은 산의 개념이 강하지만 남한산은 산성이라는 인식이 더 세다.

서울의 성곽 축조 역사는 한성백제, 삼국의 한강 쟁패, 고려의 남경, 조선의 한양도성 등 크게 네 시기로 나뉜다. 지금의 서울은 한성백제의 위례성, 고려의 남경, 조선의 한성 등 이천 년 세월 동안 여러 왕조의 도읍지였기에 궁궐과 내성, 산성의 3중 체제를 두루 갖추고 있다. 한강 남쪽 풍납토성과 몽촌토성을 중심으로 강을 따라 중곡동·옥수동·삼성동·암사동 토성과 대모산성, 양천고성 등이 외곽방어 진지 역할을 했다. 아차산성·이성산성·금암산성·남한산성 또한 백제 왕성의 방어기지로 파악된다.

한강 유역과 임진강 유역은 신라, 백제, 고구려 삼국의 각축지였다. 한강권에서는 주장성, 이성산성, 아차산 고구려 보루성, 대모산성, 행주산성 등이 뺏고 뺏기는 삼국의 격전지였다. 진흥왕이 북한산 비봉에 순수비를 세워 이곳이 신라 영토임을 알린 까닭이다. 임진강권에도 칠중성·호로고루·고모리산성·당포성·아미성·계양산성 등이 산재했다. 고려시대 성곽의 유구는 발견되지 않았으나 지금의 청와대 자리에 연흥전이라는 남경별궁을 세웠고, 최영 장군이 북한산성 자리에 중흥산성을 쌓았다는 기록도 전한다.

『삼국사기』에 따르면 중국 랴오닝성 환인현 오녀산성이 고구려의 첫 도읍지인 졸본성이었다. 압록강의 지류인 혼강 북쪽 해발 820미터의 솟아오른 암벽 위 조촐한 산성이 기원전 37년 고구려의 첫 둥지였다. 이처럼 우리의 왕성도성은 산성으로부터 시작되었다는 것이 정설이다. 삼국시대 초기 산성과 왕성의 이원적 구조가 고구려 평양성과 백제 사비성에서 나타났지만, 후기 들어 산성과 왕성의 일체화가 정립되었다. 고려 송악에 이어 조선 한양도성에도 이 같은 전통이 이어졌다.

중국에는 한국형 산성이 존재하지 않는다. 산성은 자생적 문화유산이다. 평지의 도성과 산지의 산성이 짝을 이루는 조합은 고대 삼국 이후 한반도 도성 축조의 특징이다. 대부분의 성은 산등성이와 산기슭을 타고 쌓았다. 자연 지형의 최고 경계점에 성곽을 쌓아 지형의 높낮이를 성곽으로 이용한 것이 중국이나 일본의 축조기법과 다르다.

창의문을 나서 부암동 가는 산등성이가 내려가는 곳에 백석동천이 있고 산줄기가 끝나는 지점에 세검정과 탕춘대 터가 있다. 도성 밖 북쪽을 지키는 군대총융청가 새로 생겼다고 하여 마을 이름이 신영동新營洞이다.

탕춘대 터에는 세검정초등학교가 들어서 있지만 본래 신라시대 장의사藏義寺라는 절터였다. 백제와의 전투에서 전사한 파랑과 장춘랑 등 두 화랑을 기리는 사찰이었으나 연산군이 이를 허물고 연희장으로 만들어 '질펀하게' 놀았다고 해서 탕춘대라고 이름 붙었다. 장의사 당간지주가

삼각산의 최고봉인 백운대(왼쪽)를 중심으로 병풍처럼 펼쳐진 북한산 자락.

세검정초등학교 교정 한 귀퉁이에서 1400년의 역사를 뒤집어쓰고 서 있다.

장의사는 비록 사라졌지만 이름은 장의동으로 남았고, 서울의 북소문인 창의문을 장의동에 있는 문이라고 하여 장의문이라고도 불렀다. 인조반정 때 반군이 홍제원에 집결하여 세검정을 거쳐 창의문을 통해 들어와 반정에 성공하였으므로 창의문이 개선문인 셈이다. 풍수 최양선이 숙정문~창의문은 경복궁의 양팔과 같은 곳이니 길을 내어 지맥을 다치게 하면 안 된다고 하여 태종 때부터 폐쇄한 문을 인조반정 이후 열어놓았다. 영조는 반정공신들의 이름을 창의문 현판에 새겼다. 안동 김씨 중 이곳에 사는 권문세족을 장동 김씨라고 불렀다.

김정호의 〈경조오부도〉 중 백악과 인왕산 사이에 그려진 성곽과 '서성西城 한북문漢北門'이라는 기록이 곧 오늘의 탕춘대성과 홍지문이다. 서성은 한양도성의 인왕산과 북한산 비봉을 연결하는 4킬로미터 길이의 산성이라고 이해하면 된다. 처음에는 한성의 북쪽에 있는 문이라고 하여 한북문이라고 불렸으나 숙종이 친필로 홍지문이라는 편액을 하사하면서 공식 명칭이 되었다. 탕춘대성 안에 전시 식량을 비축하는 곳간을 만들어 평창平倉이라고 하였는데 평창동 지명이 여기서 유래했다.

서울은 도성을 중심으로 세 개의 산성에 의해 둘러싸여 있다. 북쪽에는 북한산성, 남쪽에는 남한산성이 있고, 도성과 북한산성을 잇는 서쪽 산성이 탕춘대성이다. 원래 도읍은 궁궐과 내성 그리고 외성 등 삼중 구조를 갖춰야 하지만 조선은 궁궐과 해자도 없는 도성만으로 버텼다. 외성을 제대로 갖추지 않은 상태에서 양란을 호되게 겪고서야 도성의 군사적 방어체계를 고쳤다. 이를 본 청화산인 이중환은 『택리지』에서 한양 도성을 '온 나라 산수의 정기가 모인 곳'이라고 찬탄했다.

북한산 전경. 북한산은 한강의 북쪽에 있다고 해서 붙은 이름이었다.

©「서울신문」 포토라이브러리

북한산 비봉 정상에서 1400년 동안 홀로 서 있던 진흥왕순수비의 1961년 모습.

북한산성과 탕춘대성은 대내 과시용

삼국시대 이후 이천 년 역사 공존의 무대

북한산성은 신라, 고구려, 백제, 고려, 조선 등 5개 나라의 역사가 공존하는 곳이다. 북한산성의 역사는 기원전 1세기 무렵 한성백제가 수도 방위를 목적으로 토성을 쌓으면서 비롯됐다. 132년 백제 개루왕이 산성을 쌓아 북진의 기치를 높이 올렸으나, 475년 고구려 장수왕이 점령하여 남진의 발판으로 삼았고, 551년 신라 진흥왕이 차지하여 통일의 기틀을 다졌다. 1387년 고려 우왕이 중흥산성을 쌓았다.

한강을 차지하는 나라가 한반도의 패권을 장악한 것이 우리 전쟁사이다. 한반도의 목구멍咽喉에 해당하는 이 지역을 차지하려는 각축의 역사를 웅변하는 것이 북한산 비봉의 진흥왕순수비이다. '순수巡狩'란 천자가 제후의 봉지封地를 직접 순회하면서 현지의 통치 상황을 보고받는 의례이며 순행巡行이란 용어가 일반적이다. 순수비란 순수를 기념해 세운 비석인데, 진흥왕순수비의 비문 속에 나타나는 '순수관경巡狩管境'이란 구절에서 따왔다. 진흥왕은 가야 병합, 한강 유역 확보, 함경도 해안지방 진출 등 왕성한 대외정복 사업을 기념하고자 네 곳에 비석을 세웠다.

서울 종로구 구기동 산 3번지 북한산 비봉 정상이 순수비가 서 있던 자리이다. 큰 비석이 있다고 해서 비봉碑峰이라는 지명이 유래했다. 순수비는 함경남도 마운령비와 황초령비, 경상남도 창녕비와 더불어 진흥왕 재위 말인 568년부터 576년 사이에 세워졌다. 1972년 옮겨질 때까지 최소 천사백 년 동안 한강과 서울 시내를 내려다보며 풍상을 겪었다.

이 비석의 정체는 건립 천이백여 년 후인 1816년에야 추사 김정희에 의해 밝혀졌다. 추사는 조선 후기의 대표적 실학자로 서예가, 화가로 널리 알려졌지만 실은 우리나라 금석학의 개조開祖였다. 실용 학문을 연구하라는 스승 박제가와 박지원의 가르침을 좇아 금석학과 문자학, 음운학, 지리학, 천문학 등을 두루 연구했다. 그때까지 이 비석은 '고려태조비', '도선국사비', '무학대사비' 등으로 잘못 알려졌었다.

황초령비와 북한산비의 비문을 고증한 『진흥이비고眞興二碑攷』에서 추사는 '신라진흥왕순수비는 지금 경도한양의 북쪽으로 20리쯤 되는 북한산 승가사 곁의 비봉 위에 있다. 길이는 6척 2촌 3푼154센티미터이고 너비는 3척71센티미터이며 두께는 7촌16센티미터이다. 비문은 모두 12행인데 글자가 모호하여 매 행 몇 자씩을 분별할 수 없다. (……) 이 비문에 연월年月이 마멸되어 어느 해에 세워졌는지 모르겠다. (……) 그래서 마침내 이 비를 진흥왕의 고비古碑로 단정하고 보니, 천이백 년이 지난 고적이 일조에 크게 밝혀져서 무학의 비無學之碑라고 하는 황당무계한 설이 변파辨破되었다'라고 적었다.

훼손된 진흥왕순수비를 1972년 경복궁 근정전 회랑으로 옮기는 작업이 진행되고 있다.

북한산비는 천이백 년 만에 주인을 찾았다. 추사는 비석 왼쪽 측면에 '두 번 와서 비의 글을 읽었다'라는 내용의 글을 손수 새겼다. 순수비는 1934년 국보 제3호로 지정됐다. 천사백 년 역사에다 추사의 글씨까지 더해지니 '국보 중의 국보'가 아닐 수 없다. 이를 국보 1호가 아니라 3호로 정한 일제의 간사함에 치가 떨린다. 문화적 열등감의 발호였으리라. 숭례문이 2008년 소실되고서 국보 1호 재지정 논란이 일 때마다 '국보의 번호는 관리 번호일 뿐 가치의 순서와는 무관하다'고 변명하는 우리 문화재 당국의 순진함도 못마땅하기는 매한가지다.

추사는 비석을 발견했을 때 덮개돌이 아래에 떨어져 있었다고 적었지만 사라졌고, 한국전쟁 때 총알 세례를 받아 탄흔이 선연하다. 언제인지 모르게 몸돌 위쪽이 왼쪽에서 오른쪽으로 비스듬하게 잘렸고, 오른쪽 아래 귀퉁이는 뭉텅 떨어져 나갔다. 1972년 일단 경복궁 근정전 회랑에 옮겨 보존하다가 1986년 국립중앙박물관으로 옮겨졌다. 2006년 10월 그 자리에 복제비를 세웠다.

유홍준 문화재청장 시절인 2006년 비석이 있던 자리에 복제비를 세웠다.

외침 땐 무용지물인 국가권위와 통치의 상징

한양도성과 북한산성, 탕춘대성 그리고 남한산성과 강화성이 서울을 지키는 대표적인 성곽이다. 우리나라에는 삼천 개에 이르는 산성이 있고, 이천 년의 역사를 가진 기원전의 고대 도시 서울 주변엔 숱한 성곽의 유허가 존재하지만, 규모나 형태면에서 대표적이다. 그러나 '이들 성곽이 서울을 제대로 지켰나'라는 질문에는 고개를 갸웃거리게 된다.

북한산성은 왜 쌓았을까. 한양도성의 북쪽 외곽 방어막인 북한산성과 탕춘대성은 단 한 번도 서울을 사수하지 못했다. 서울을 남쪽에서 보호하는 남한산성이나 강화성과 달리 외적의 침입 때마다 무용지물이었다. 한양도성은 임진왜란과 병자호란 때 추풍낙엽으로 무너졌고, 두 번의 반정중종과 인조과 이괄의 난 때도 맥없이 뚫렸다. 한국전쟁 때 창동~미아리 전선을 형성했지만 서울 사수의 최후 방어선이 되지 못했다.

그러나 권력자는 북쪽 외곽 방어선 축조에 집착했다. 고려의 영향이 컸다. 거란족과 왜구의 침입에 대비해 태조 왕건의 관을 옮겨둔 오래된 피란처였고, 1232년 몽골군과 격전을 치렀으며, 최영 장군의 전공이 있다는 점에서 경복궁의 뒤를 지키는 산성의 필요성을 느꼈다. 성을 지키려면 곡성曲城과 돈대墩臺 그리고 해자가 필요하다. 한양도성은 방어용 성이 아니었다. 임진, 병자 양란에서 경험하였듯이 군사적 기능이 작동하지 않았다.

"처음부터 도성은 넓고 커서 지키기 어렵다고 여겼다. 도성의 축조가 당초에 성을 지킬 계책에서 나온 것이 아니므로 원래 견고하지 못하였다. 지금 만일 개축한다면 몰라도 수축만 하게 한다면 나을 것이 없을 듯하다"라는 숙종의 고변이 비변사등록에 남아 있다. 조선 왕들에게 성곽은 국가 권위와 통치의 표상이었다. 외적을 방어하는 국력의 표현이기에 앞서 내부의 적대 세력을 물리치는 대내용이었다.

숙종은 훈련도감, 금위영, 어영청 등 3군문에서 구역을 나눠 성을 쌓게 했다. 축조 공사는 불과 6개월 만에 끝났다. 북한산성의 넓이는 49만 제곱미터로 한양도성의 14만 제곱미터보다 3배 이상 넓다. 왕이 집무를 볼 수 있도록 1만 제곱미터에 124칸의 행궁을 지었다. 2만 6,000섬의 군량미를 확보하고, 저수지 26개와 우물 99개를 팠다. 인수봉~백운대~만경대~용암봉~시단봉~보현봉~문수봉~나한봉~용혈봉~미륵봉의상봉~원효봉~영취봉 같은 험한 봉우리를 이어 구축한 포곡식 산성이다. 숙종은 몸소 시단봉 동장대에 올라 9.73킬로미터에 이르는 산성의 위용을 만끽했다. 그러나 이때 지은 성곽과 행궁은 1915년대 홍수 때 대부분 떠내려갔다.

이중환은 『택리지』 팔도총론 경기 편에서 도성과 산성에 관해 여러 차례 의견을 피력했다. "비록 산세를 따라 성을 쌓은 것이나 정동방과 서남쪽이 낮고 허하다. 또 성 위에 작은 담을 쌓지 않았고, 해자도 파지 않았다. 그래서 임진년과 병자년의 두 난리 때 모두 지켜내지 못했다"라고 한양도성의 가치를 깎아내렸다. 북한산성에 대해서도 "숙종 때 조정에서 도성을 고쳐 쌓자는 논의가 있었으나 '동쪽이 너무 낮아서 만약에 강을 막아 그 물을 성에다 댄다면 성안 백성은 모두 물고기 신세'라는 말이 있어 그 논의는 중지되고 말았다"라고 언급했다.

숙종 재위 기간 내내 이어진 산성 축조 논쟁을 지적한 말이다. 북한산성 축조가 처음 논의된 1675년부터 완공된 1711년까지 무려 36년을 끈 북한산성 축조 논쟁을 비꼰 것이다. "도성을 버리고 북한산성으로 가는 것이 과연 옳은 전략인가", "북한산성을 성공적으로 방어할 수 있겠는가", "북한산성은 험준하여 지키기는 좋지만 도성민을 수용하기는 좁지 않은가", "물자와 인력이 부족하니 강화성이나 남한산성 둘 중 하나는 포기하는 게 옳다" 등의 온갖 논의가 난무했다.

찬반의 논리는 단순했다. 찬성론자들은 유사시 왕이 피할 곳이 가까운 곳에 있어야 한다는 논리였고, 반대론자들은 병자호란 때 청과 맺은 정축조약의 '성곽을 수축할 수 없다'라는 조항을 위배해선 안 된다면서 맞섰다. 숙종이 북한산성을 짓기로 용단을 내린 것은 1710년 청으로부터 날라 온 한 장의 외교문서가 결정적이었다. '왜구의 노략질이 심하니 연해 지방의 방어에 유의하라'는 문서가 성곽 수축 금지 조항을 해제한 것으로 해석한 것이다. 반대 논리를 잃자 축성은 일사천리로 진행됐다.

청화자 이중환은 비판적이다. "도성에서 서쪽으로 5리를 가면 사현무악재이 되고, 그 고개를 넘으면 녹번현이 있다. 당나라 장수가 여기를 지나면서 '한 사람이 관문을 막으면 만 사람이라도 열 수 없겠다' 하였다고 한다. 또 서쪽으로 40리를 가면 벽제령인데 임진년 왜란때 이여송이

패한 곳이다. 고개 두 곳과 벽제령은 모두 관문을 설치할 만한 곳이다. (……) 천연적인 험한 곳을 버리는 것이니 참으로 애석한 일이다. 벽제령에서 남쪽으로 40리를 가면 임진나루터이다. (……) 아주 험하게 되어 있으니 참으로 지킬 만한 곳이다"라고 대안까지 제시했다. 소용도 없는 도성과 산성을 짓는다고 백성을 달달 볶거나 세금을 축내지 말고 지킬 만한 곳을 찾아서 지키라는 주장이었다. 천 번 만 번 지당한 말씀이다.

(위) 124칸에 달하던 당당한 북한산성 행궁의 옛 모습.
(아래) 발굴된 북한산성 행궁 내성전 상방 온돌.

대성문~보국문~동장대로 이어지는 북한산성 성곽 길. 북한산성은 백제, 고구려, 신라, 고려, 조선 등 5개 나라의 역사가 공존하는 이천 년 쟁패의 현장이다. 한반도의 목구멍에 해당하는 이곳을 차지하고, 지키려고 격돌했다. 조선 숙종 재위 36년간 북한산성 축조 여부를 놓고 격렬한 찬반 논쟁에 휩싸였던 이곳은 대한민국 국민에게 없어서는 안 될 휴식의 요람이 됐다.

©문화재청(위) · 남한산성세계유산센터(아래)

남한산성 내 광주행궁의 1909년 사진(위)과 복원된 행궁(아래). 조선시대 20여 곳의 행궁 중 유일하게 종묘와 사직을 갖춘 행궁으로 6명의 왕이 11차례나 방문한 전시의 군사 수도였다. 항몽, 항청에 이어 항일의병의 집결지가 되자 일제가 불태우고 철거해버렸다.

'난공불락' 남한산성

조선시대 왕 6명이 11차례나 머물었던 항몽·항청·항일의 성지

18세기 방랑 실학자 이중환은 『택리지』에 '경기도 여주 서쪽은 광주로, 석성산에서 나온 한 가지가 북쪽으로 한강 남쪽에 가서 고을이 형성되었으며 읍광주부은 만 길 산꼭대기에 있다. 옛 백제 시조였던 온조왕이 도읍하였던 곳으로, 안쪽은 낮고 얕으나 바깥쪽은 높고 험하다. 청나라 군사들이 처음 왔을 때 병기라고는 날도 대보지 못하였고, 병자호란 때도 성을 끝내 함락시키지 못하였다. 그런데도 인조가 성에서 내려온 것은 양식이 부족하고 강화가 함락되었기 때문이었다. 강화가 결정되고 나서도 국도한양를 외적으로부터 막아줄 중요한 성이라 생각해서, 성 안에다 절 아홉을 세워 스님들을 살게 하고 총섭總攝한 사람을 두어 승대장으로 삼았다. 해마다 활쏘기를 시험하여 후한 녹을 주는 까닭에 스님들은 오로지 활과 살로써 업을 삼았다. 조정에서는 나라 안에 스님들이 많아서 그들의 힘을 빌려 성을 지키고자 한 것이었다'라고 적었다.

인조가 스스로 성문을 열고 내려온 것이지 남한산성은 함락되지 않았다. 남한산성은 한성백제, 통일신라, 고려, 조선을 거치면서 단 한 번도 뚫린 적이 없는 난공불락의 요새였다. 13세기 세계를 휩쓴 무적 몽골군의 2차례 공격과 병자호란 당시 12만 대군을 이끈 청 태종의 파상 공세도 47일간 막아냈다. 해발 400미터를 넘나드는 험준한 지형을 따라 본성과 외성을 합쳐 11.7킬로미터가 넘는 성벽을 쌓았는데 내부는 넓고 평평했다. 우물이 80곳, 연못이 45개에 이를 정도로 물이 풍부해 군량미와 소금만 잘 비축하면 수만 명의 병력이 장기 농성할 수 있는 철벽의 금성탕지였다.

우리나라에는 평지성과 산성을 다 합쳐 삼천여 개의 성이 있다. '삼천리 금수강산'이니 1리마다 1개의 성곽을 쌓은 셈이다. 가히 '성의 나라'라고 해도 과언이 아니다. 그중 남한산성은 산성 축성기법의 교과서라고 할 만하다. 성곽 유산으로는 평지성인 수원 화성에 이어 두 번째로 지난 6월 세계문화유산으로 등재됐다. 이로써 우리는 모두 11건의 세계문화유산을 보유한 문화대국이 됐다.

유네스코 세계유산위원회는 남한산성이 병자호란 등 국제전쟁을 통해 동아시아 무기 발달과 축성술이 상호 교류한 탁월한 증거이며, 조선의 자주와 독립 수호를 위해 유사시 임시 수도로 계획적으로 축조된 유일한 산성 도시이며, 자연 지형을 활용하여 성곽과 방어시설을 구축함으로써 7세기부터 19세기에 이르는 축성술의 시대별 발달 단계를 나타내고 있다는 점을 높이 평가했다. 한 해 백만 명 이상의 등산객과 관광객이 몰려드는 남한산성이 세계적 명소로 자리 잡는 것은 시간문제로

남한산성에 있는 5개의 옹성 중 최고의 전망을 자랑하는 연주봉 정상 망루.

©남한산성세계문화센터

315미터에 이르는 연주봉 옹성. 옹성은 성문과 성곽을 보호하는 이중의 성벽으로 3면에서 입체적으로 적의 침입을 차단할 수 있어 남한산성을 철옹성으로 만들었다.

보인다.

서울에서 동남쪽으로 약 24킬로미터 떨어진 광주시 중부면 산성리에 있는 남한산성은 행정구역상 광주시에 63퍼센트, 하남시에 24퍼센트, 성남시에 13퍼센트가 속해 있다. 광주는 고려 태조가 이름 짓기 이전까지 한강 남쪽의 넓고 오래된 땅 한산漢山이었다. 하남이라는 지명은 한강의 남쪽, 성남은 남한산성의 남쪽에 면했다고 해서 붙여졌다. 서울과 한강을 중심으로 펼쳐지는 남한산성의 지리적, 공간적 존재감을 알 만하다.

남한산성은 전란이 일어났을 때 왕의 안전을 담보하는 보장처였다. 왕의 선택지는 대개 강화섬이 아니면 남한산성이었다. 남한산성에 대한 기록은 주로 광주행궁이라고 남아 있다. 조선시대 전국 각지에는 23곳에 이르는 행궁이 있었다. 별궁 또는 이궁이라고도 했다.

전란에 대비한 광주행궁, 양주행궁북한산성, 강화행궁, 전주행궁을 비롯해 능행을 목적으로 화성행궁, 이천행궁, 파주행궁, 고양행궁, 풍덕행궁을 지었다. 왕은 질병 치료와 휴양차 온양행궁, 청주행궁, 목천행궁, 고성행궁, 전의행궁 등에 행차했다. 온양행궁 가는 길인 과천행궁과 수원행궁에도 머물렀다. 행궁의 역사는 오래다. 『백제본기』에 '진사왕이 행궁에서 죽었다'라는 최초의 기록이 남았으며 『고려사』에는 40건의 행궁에 관한 기록이 전해진다.

종묘와 사직을 갖춘 행궁은 남한산성이 유일했다. 국가에 전란이 일어났을 때를 대비한 임시 수도로서의 위상이다. 조선시대 5군영 중 하나인 수어청의 근거지였으며 광주부가 1917년경 안동으로 이전하기 전까지 290년 동안 광주부 관아가 있던 조선시대 최대의 산악 군사행정 도시였다. 규모도 예사롭지 않았다. 광주행궁은 2개의 궁으로 나뉘었는데 상궐은 73칸, 하궐은 154칸으로 총 227칸의 당당한 규모였다. 임진왜란 때 불타기 전 경복궁은 7,715칸, 창덕궁은 4,500칸이었다. 화성행궁은 576칸, 북한산성행궁은 124칸이었다.

대부분의 행궁은 말이 궁이지 왕이 실제 머문 횟수나 기간은 얼마 되지 않았다. 이에 비해 남한산성행궁은 인조가 모두 여섯 차례 행차했고 머문 기간도 농성 47일을 비롯해 50일을 넘었다. 이후 숙종과 영조가 서장대를 둘러보았고, 정조는 서성과 남성을 거쳐 북성까지 돌아보고서 서장대에서 군사훈련까지 했다. 이후 철종과 고종 등 모두 여섯 명의 왕이 찾았다.

남한산성이 몽골과 청은 물론 일제에 항거한 외세 저항의 본거지였던 사실은 별로 알려지지 않았다. 1895년 명성황후 시해 사건 이후 광주, 이천, 여주 지역 의병 1,600명으로 이뤄진 연합 의병부대가 주둔하면서 삼남 지방 및 강원도 지역 의병 3,000명과 합세해 서울로 진격하기로 한 을미의병의 주요 거점이었다. 이후 1905년 을사늑약 체결에 항거한 을사의병과 1907년 고종 강제 퇴위와 군대 해산령에 반발한 정미의병도 이곳에서 일어났다. 일제는 산성 안 행궁과 사찰을 불태우고 철저하게 파괴했으며 광주 읍성도 성 아래로 옮겨버렸다.

1, 2차 대몽항쟁의 승전지에다가 척화론을 주장하다 청에 끌려가 죽은 윤집, 오달제, 홍익한 세 학사를 모신 현절사가 세워진 항청의 기운이

항일로 옮아붙는 것을 두려워했기 때문이다. 만해 한용운 기념관이 이곳에 깃든 것은 자연스러운 일인지도 모른다.

남한산성은 정말 백제의 왕도였을까

남한산성에는 백제의 시조 온조를 모신 숭열전이 있다. 『정조실록』 등에 따르면 병자호란 당시 인조가 군사를 독려하다 앉아서 잠시 조는 사이 꿈에 온조가 나타났다. "적이 사다리를 타고 북성을 오르는데 뭐하고 있는가"라는 말을 듣고 정신이 들어 군사를 보내 격퇴했으며 이에 감읍해 온조왕의 묘를 지어 제사 지내게 했다는 것이다. 덧붙여 이서라는 장군이 배향된 이야기도 재미있다. 환궁한 인조의 꿈에 온조가 나타나 "묘를 세워준 것이 고마우나 혼자서는 지내기 외로우니 이서 장군을 보내 달라"라는 요청을 받았는데 다음 날 아침 이서가 죽었다는 보고가 올라왔다. 인조는 온조가 이서를 데리고 갔다고 생각해 숭열전에 배향했다는 것이다.

남한산성은 과연 백제의 왕도였을까. 『택리지』뿐 아니라 『조선왕조실록』, 『신증동국여지승람』, 『대동야승』, 『연려실기술』, 『여지도서』, 『대동지지』 등 대부분의 조선시대 지리서들이 남한산성을 백제의 고성古城이라고 기술하고 있지만 안타깝게도 고고학적으론 입증된 바 없다. 18세

©「서울신문」 포토라이브러리

남한산성 동문의 야경. 7세기부터 19세기까지 천이백 년 이상 보존된 축성술의 살아 있는 역사로 인정받아 지난 6월 우리나라에서 11번째로 유네스코 세계문화유산에 등재된 남한산성은 400미터 이상의 자연 지형을 이용해 축조한 천혜의 요새이자 한 번도 외세에 의해 함락된 적이 없는 구국의 혼이 살아 숨 쉬는 곳이다.

기 홍경모가 지은 『남한지』에는 '남한산성은 온조가 쌓은 것이라고 하는데 한산 위에 성을 쌓았다는 기록도 없고, 문헌에 근거할 것이 없다'면서 '백제의 도읍은 지금의 검단산 아래인 광주의 고읍이며 온조의 고성은 이성산성'이라는 다른 설을 주장했다. 현재까지 하남시 이성산성과 교산동 유적은 물론 남한산성에서도 백제 관련성을 확인할 수 있는 성과는 발굴되지 않았다.

다만 『삼국사기』에 따르면 신라 문무왕 12년672년 '한산주광주에 주장성을 쌓았다'는 기록이 있는데 주장성이 남한산성의 원조일 가능성이 크다. 이 시기는 백제를 멸망시킨 당나라 군사 4만 명이 평양에 주둔하고 있던 시기와 일치한다. 주장성은 당의 침입에 대비해서 신라가 쌓은 한강 이남의 방어 거점이라는 것이다. 실제 2007년 발굴 조사 결과 통일신라시대 것으로 보이는 군량미 창고 터가 발굴돼 '주장성=남한산성'의 신빙성을 높였다.

남한산성이라는 지명은 선조 대에 자주 등장한다. 조선 초기에는 일장산성이라고 불렸다. 한강과 한양의 북쪽에는 북한산과 북한산성이 있고 남쪽에는 남한산과 남한산성이 있다는 논리에 따른 작명으로 보인다. 남한산성은 '인조의 성'이라고 할 만하다. 조선 역사상 임진왜란을 겪은 선조와 함께 비운의 임금 1, 2위를 다투는 인조는 자신의 운명을 예감했을까. 반정으로 광해군을 축출하고 즉위했으나 반정공신 이괄의 난 때 공주까지 달아나야 했다. 중립 외교를 포기하고 친명배금親明排金 정책을 내세우다 정묘호란 때는 강화도, 병자호란 때는 남한산성에서 이부자리도 없이 옷을 입고 잠자리에 드는 등 세 번이나 도피 행각을 벌였다. 즉위 2년 만인 1624년 남한산성 축성을 명하였고 1626년 성이 완성되자 서부면에 있던 광주부를 옮긴 것도 인조였다.

남한산성은 단순한 세계문화유산이 아니다. 축성술의 역사교과서이다. 이 땅에는 삼천 개에 이르는 성이 있었지만, 성의 역할을 제대로 한 성은 평양성과 진주성, 강화성 등 몇 개에 지나지 않았다. 그중 남한산성은 단 한 번도 외세에 빼앗기지 않았던 '서울 지킴이' 같은 존재이다. 항몽, 항청, 항일의 구국혼이 깃든 곳이다.

5

정체성을 찾아서

'서울'이라는 지명의 유래
서울은 왜 서울인가
연식은 이천 년, 마일리지는 육십 년

광화문과 경복궁 전경.

'서울'이라는 지명의 유래

대한민국 최고의 브랜드 서울의 지명 유래

서울학은 '서울이라는 공간에서 일어나는 인간의 활동과 그 활동에서 파생되는 모든 도시 현상 및 도시 관련 문제들을 학문적으로 규명함으로써 궁극적으로 서울을 보다 인간답게 살 수 있는 도시로 만들도록 서울에 대해 연구하는 학제적인Interdisciplinary 성격을 가진 학문최근희 서울시립대 교수'이라고 정의할 수 있다.

서울은 너무나 거대하고 과밀하며 복합적이지만 축적된 학문적 기초자료는 턱없이 부족하다. 학문적 적확성이나 방법론적인 정교성에 매달려 답을 구하려면 한계에 부딪힌다. 우리가 입에 달고 사는 '서울'이라는 지명을 보자. 서울이라는 지명이 언제, 어떤 연유로 생성됐는지 알기조차 어렵다. 서울이라는 말이 역사나 기록에 거의 등장하지 않으므로 사람들이 실생활 속에서 얼마나, 어떻게 사용했는지 파악하는 게 지극히 어렵다는 뜻이다. 서울이라는 지명이 한자 표기가 안 되므로 기록에 남아 있지 않은 탓이다.

서울이라는 땅 이름 대신에 수도首都를 뜻하는 한성, 한양, 경성, 경도, 경조, 경, 수부, 수선, 도성, 도부, 도읍, 황성, 황도, 왕도, 한도 같은 한자 수도 개념어 10여 가지가 두루 쓰였다. 최근 서울과 수도의 개념에 관한 다양한 연구가 선보이고 있으나 서울이라는 지명의 용례를 다룬 연구는 여전히 드문 것도 자료 부족에 기인한다.

서울 지역은 다양한 이름으로 불렸다. 기원전 18년 온조가 위례현재의 송파구와 강동구 일대에 도읍을 정하면서 역사의 전면부에는 한강 이북보다 한강 이남이 먼저 등장했다. 371년 백제 근초고왕 때는 한산漢山이라고 호칭했는데 한강漢江, 북한산北漢山, 남한산南漢山이라는 지명의 생성과 연관성이 깊은 것으로 보인다. 475년 고구려 장수왕 때는 남평양南平壤이었으며, 6세기 신라 진흥왕540~576 때는 북한산주北漢山州였다. 통일신라 시대인 757년 경덕왕 때 한양군漢陽郡을 두었고 고려 들어 양주楊州와 남경, 한양부 등을 오락가락하다가 조선 들어 한성부漢城府로 확실하게 자리 잡았다.

서울이라는 말의 어원은 여럿 있지만 신라의 수도 서라벌을 어원으로 보는 것이 학계의 정설이다. 서울이란 수도를 뜻하는 보통명사이지 땅 이름을 뜻하는 고유명사가 아니다. 서울특별시사편찬위원회가 펴낸 『서울행정사』에 따르면 신라의 경주, 백제의 소부리부여, 고려의 송악개성, 후고구려의 철원 등 일국의 수도 명칭 모두가 서라벌새벌에서 나왔다. 수도가 서라벌이고, 서라벌이 서울인 것이다.

서울이라는 지명은 일제강점기 한성부가 경성부京城府로 강제 격하,

개칭됐다가 광복과 함께 갑자기 새로운 수도의 이름으로 떠올랐다. 해방 후 각계 인사 70명으로 구성된 경성부 고문회의는 "'한성시'라고 쓰고 '서울시'라고 읽는다"는 어정쩡한 절충안을 내놓았다. 그러나 이를 탐탁지 않게 여긴 미 군정청은 1946년 9월 18일 군정법령으로 '서울특별시'라는 대한민국 유일 한글 지명을 확정했다. 미 군정은 경성이라는 일제의 잔재도 청산하고, 한성부 혹은 한양이라는 왕조 복고도 거부하는 이중 효과를 거뒀다. 무엇보다 'SEOUL'이라는 알파벳 명칭이 그들의 입맛에 맞았을 법하다.

정부 수립 이후 논란이 일었다. 1955년 9월 16일 이승만 대통령이 서울 명칭 개정을 제안하는 담화를 발표하면서 불붙었다. 명칭 개정 이유는 두 가지였다. 첫째 서울이란 수도를 나타내는 보통명사이지 땅 이름을 지칭하는 고유명사는 아니라는 것, 둘째 서울이 땅 이름이 된 경위는 외국인의 잘못된 이해를 바탕으로 붙여졌으므로 바로잡아야 한다는 것이다. 조선의 수도가 어디인지를 물은 프랑스 신부의 질문에 사람들이 '서울'이라고 답하자 이를 프랑스 사람이 소리낼 수 있는 음을 취해서 써넣은 것이 '소울' 또는 '솔' 등으로 잘못 알려졌다는 논리였다.

이때부터 서울의 명칭 개정을 놓고 격렬한 찬반 논쟁이 일었다. 「해방 직후 수도 명칭의 결정과 1950년대 개정 논의」라는 김제정서울시립대 교수의 논문에 따르면 최남선, 이병도, 최현배, 김윤경, 이희승 등 당대 최고의 지성들이 신문지상 등을 통해 논쟁에 가세했고 찬반 논리를 제공했다. 대개 한양, 한성 등 복고풍이 지배적이었으며 큰 벌판을 뜻하는 우리

©「서울신문」 포토라이브러리

2014년 1월 설날 하루 전 경부고속도로 신갈나들목 부근에 주차장을 이룬 귀성 차량들. 서울로 몰려든 사람들은 매년 명절 때면 고향으로 민족 대이동을 반복하고 있다.

©「서울신문」 포토라이브러리

2014년 12월 성탄절 전날 서울 명동에 몰린 사람들의 물결. 조선 건국 당시 10만 명이던 서울 인구는 620년 만에 1,040만 명으로 100배 이상 팽창했다. 사람들은 돈을 벌거나, 출세를 원하거나, 학력을 쌓거나, 일을 구하려고 서울로 몰려들었다.

말 지명 '한벌'도 대안으로 제시됐다.

급기야 국무위원과 정부위원 등으로 '수도명칭제정연구위원회'가 구성됐고 서울시를 중심으로 수도 명칭 개명에 관한 현상 모집 광고가 신문지상에 게재됐다. ①우남 ②한양 ③한경韓京 ④한성 등, 네 가지 명칭을 놓고 여론조사를 한 결과 우남시가 1,423표를 얻었다. 한양 1,117표, 한경 631표, 한성 353표를 각각 받았다.

초대 대통령이자 이른바 국부國父인 이승만 대통령의 이름이나 아호를 딴 '이승만시' 혹은 '우남시'로 하자는 추종자들의 속보이는 명칭 개정 작업은 격렬한 반대 여론을 불러일으켰다. 결국 이 대통령은 1957년 1월 19일 다시 담화를 내고 "내가 대통령으로 앉아서 서울의 이름을 내 별호로 짓는 것을 원치 않는다"며 우남시 안을 철회했다. 이후 4·19 혁명이 일어나 이 대통령이 하야하면서 서울의 명칭 개정 문제는 흐지부지됐다.

서울이라는 명칭이 우리의 의지와는 무관하게 미 군정청 관리들에 의해 '선물'처럼 주어진 것은 유감스러운 일이다. 또 정부 수립 이후 제기된 개칭 추진에서 최고 권력자의 추종 세력에 의해 선불리 추진됐다가 유야무야된 과정도 개운치 않다. 그러나 이후 서울올림픽과 월드컵 개최 등으로 서울이라는 수도명은 '코리아'라는 국명과 어깨를 나란히 하는 우리나라 최고의 빅 브랜드가 됐다. 고유명사를 보통명사화한 선례이자 돌이킬 수 없는 압도적인 우리의 수도명이자 지명이 됐다.

대한민국의 '종주 도시'이자 '의사 이상향'

14세기 이슬람의 역사학자이자 최고의 사상가인 이븐할둔Ibn Khaldun은 "새 왕조가 새 수도를 정하고, 옛 수도의 지배권을 장악하는 즉시 주민을 새 수도로 이주시켜야 불만 세력을 없애고 백성의 마음을 사로잡을 수 있으며, 통치권의 초점인 수도는 마땅히 왕국의 중앙에 위치해야 한다"라고 갈파했다.

조선의 수도 한성부는 1394년 제국帝國 지향적 수도인 송악에서 남하해 한반도의 심장부인 한양에서 인구 10만 명의 계획 도시로 출발했다. 620년이 흐른 지금 면적은 30배, 인구는 100배 이상 급속 팽창했다. 서울은 우리나라 인구 5,000만 명이 지향하고, 수도권을 포함한 2,500만 명이 생활하는 대한민국의 종주 도시宗主都市이자 의사 이상향擬似理想鄕이 되었다.

왜 이렇게 서울로 몰려든 것일까. 서울학의 연구 과제 중 사회학, 도시사회학, 도시행정학의 초점은 인구 집중 및 확장과 관련된 문제에 맞춰진다. 서울로의 인구 집중이 이 모든 현상의 방아쇠 역할을 하기 때문이다. 서울은 전제군주의 통치 공간이었고, 권력의 핵이기에 기회와 경쟁을 제공했다. 돈을 벌거나, 출세를 원하거나, 학업을 하려거나, 일을 구하려는 사람들이 구름처럼 밀려들었다.

서울의 도시성을 설명할 때 가장 먼저 논의되는 것이 인구 문제다. 역사적으로 조선 한성부의 인구는 17세기 후반 이미 30만 명에 달해 당대 세계 최대급의 인구 밀도를 자랑했다. 출산율, 사망률 등 자연적인 요인에 의해 인구 증감이 좌우되는 향촌과 달리 인구 이동이라는 사회적인 요인의 영향력이 높다는 점이 최근 연구의 성과다.

인구 상황과 호구를 분석한 고동환은 「조선 후기 서울의 인구 추세와 도시 문제 발생」이라는 1998년 논문에서 서울 인구를 1669년 22만 명, 1720년대 25만 명, 1770년대 30만 명, 1820년대 35만 명, 1870년 1900년 33만 명으로 추정했다. 조성윤은 「조선 후기 서울의 인구 증가와 공간 구조의 변화」라는 1994년 논문에서 1663년 한성부 북부의 호적과 한말의 신新 호적을 바탕으로 조선 후기 서울 주민의 신분 구성을 분석한 결과 전국의 농촌으로부터 흘러 들어오는 전입 인구가 서울의 하층민으로 정착했다고 분석했다.

『증보문헌비고』와 『조선왕조실록』 등을 통해 살펴보면 조선 초기 10만 명이던 서울인구는 임진왜란과 병자호란 등 양난 이후 4만 명까지 떨어졌다가 17세기 후반 현종 때 18만 명까지 폭발적으로 증가했다. 이후 구한말까지 200년 이상 18만 명에서 20만 명 사이를 오갔다. 이러한 인구의 증가는 도성 내 상업 발달이 주원인이었다. 18세기 서울은 16~17세기의 위기를 벗어나면서 성 밖 경강뚝섬~양화나루까지의 한강 구간 일대에 상업이 크게 발달했다. 전국에서 상인 자본의 집적도가 가장 높고, 노동력을 제공하는 사람들이 몰리면서 경강 일대에 상업 촌락이 생겨났다.

이때부터 서울은 중세 정치·행정 중심 도시에서 근대적 상업 도시로 옷을 갈아입었다. 서울의 도시 발달은 17세기 양난으로 폐허가 된 도시

©서울역사박물관

무허가 판자촌으로 가득 찼던 한남동.

를 재건하는 시기를 거쳐 인구의 증가와 상업의 발달로 사대문 밖으로 공간적 확산이 이뤄지고 신분제의 붕괴 조짐을 나타냈다. 도성 내 인구의 증가는 주택 부족을 일으켰으며 이러한 현상은 도성 밖으로 거주 공간이 확장되는 원인이 됐다.

15세기까지 사대문 밖 10리성저십리의 민가 숫자는 모두 1,719호로 한양 인구의 9퍼센트에 불과했지만 18세기 전반 한성부의 5부동-서-남-북-중부 중 경강에 가까운 서부용산와 남부마포를 중심으로 촌락이 속속 들어서면서 행정 구역의 확대 개편이 촉발된 것이다. 서울은 사대문을 벗어나 한강이라는 새로운 축을 중심으로 확대됐으며 서울 구심점의 한강이남 이전은 시간문제였다.

서울은 왜 서울인가

수도의 개념

이승만과 박정희 정권 시기 미국대사관 문관으로 근무했던 그레고리 헨더슨은 "서울은 단순히 한국의 최대 도시가 아니라 서울이 곧 한국이다"라는 유명한 말을 남겼다. 프랑스의 역사학자 알렉시스 드 토크빌이 67년 전에 일어난 프랑스 대혁명을 상상하면서 "파리는 프랑스 그 자체"라고 표현했던 것과 일맥상통한다.

두 도시는 강력한 중앙집권적 특성을 가지고 있다. 조선시대부터 일제강점기, 이승만 정권, 박정희 정권에 이르는 한국 정치를 분석한 그레고리 헨더슨은 '소용돌이의 한국 정치'에서 한국정치의 본질을 정치권력을 향해 상승 기류를 타고 몰려드는 소용돌이 현상으로 파악했다. 그는 한국인이 단일민족이라는 동질성 때문에 오히려 원자처럼 분열돼 있으며 원자화된 한국인이 모두 정치권력을 향해 소용돌이처럼 몰려들기 때문에 중앙집중화가 이뤄진다고 주장했다.

이런 환경 속에서 한국 정치는 당파성과 개인 중심의 기회주의를 보이면서 합리적 타협이나 응집을 배양할 수 있는 토양이 황폐화됐으며, 이런 소용돌이 정치 패턴에 대한 처방은 다원주의와 분권화에서 찾을 수밖에 없다는 것이다. 한국 사회의 동질성과 중앙집중화 현상을 무리하게 단순화했다는 비판도 있으나 해방 후 혼란으로 점철된 한국 정치판을 꿰뚫은 통찰력 있는 해석으로 평가받는다.

결국 두 도시는 시장 출신 대통령을 배출했다. 중앙집권화의 한 극단을 달린 프랑스는 파리시장 시라크가 1995년 삼수 끝에 최초의 파리시장 출신 대통령에 올랐다. 이어 2007년 이명박 서울시장 역시 삼수 끝에 대통령에 당선됐다. 중앙정치가 모든 것을 녹이는 특성 아래서 서울과 파리의 정치가 살아남는 데 성공한 셈이다.

중앙정치와 지방정치를 따질 때 서울은 중앙과 지방의 두 가지 특성을 동시에 가지고 있다. 서울정치란 본래 중앙정치와 한 몸이었으나 오랜 관선 시장 시대를 거치면서 서울정치는 중앙정치에 무대를 빼앗긴 채 실체를 잃었다. 서울정치는 고유의 특성을 상실하고 일개 지방정치로 전락했다고 할 수 있다.

서울정치의 상실은 서울의 역사와 궤를 같이한다. 서울은 이천 년 이상의 생성사를 가진 기원전의 고도古都이며, 규모나 영향력 면에서 세계 열 손가락 안에 드는 거대 도시이다. 지속적으로 한반도의 심장부 노릇을 한 지도 620년을 훌쩍 넘겼다. 서울을 떠나 대한민국을 논할 수 없듯이 우리나라 정치는 서울에 뿌리를 두고 있기에 서울정치의 제 역할 찾기는 더 미룰 수 없는 과제이다.

서울정치의 기본 요소가 서울시장과 서울시의회, 시민사회와 언론 등으로 구성된다고 보면 그중에서도 서울정치의 주 연구 대상은 서울시장이다. 서울시장과 서울정치학은 분리할 수 없다. 서울시장의 위상은 이른바 서울정치학의 정립과 불가분의 관계를 맺는다. 서울시장의 존재가치와 위상은 홀로 세워지는 것이 아니라 서울정치학과 더불어 성립하기 때문이다.

서울학연구가 본격화된 지 20년이 지난 오늘에도 서울학과 서울학에 바탕을 둔 서울정치학은 완전히 뿌리를 내리지 못한 것이 우리의 현실이다. 서울시사편찬위원회가 1957년부터 펴낸 『향토서울』 등 2009년까지 발간된 서울학 관련 논저 682편을 바탕으로 서울학 연구의 대상을 분류하면 기초 연구, 서울과 공간, 서울과 정치, 서울과 사회, 서울과 경제, 도시 문화와 표상, 기타 등 크게 일곱 개로 구분할 수 있다.

기초 연구는 다시 역사 개설, 방법론, 사료 및 자료로 세분화되며 공간 연구는 도시계획 과제개발, 도시 건축물, 주거지 및 도시 지역으로 나눌 수 있다. 사회 분야는 사회 집단 및 사회 문제, 도시민의 일상생활, 인구 문제, 교통과 통신이 포함된다. 경제 분야는 공업 및 상업, 무역, 노동 등이다. 도시 문화와 표상 속에는 문화 및 교육, 종교와 사상, 도시의 정체성과 이미지 등이 들어 있다.

이 중 서울과 정치는 도시와 국가, 지역정치, 도시 행정 및 정책으로 작게 분류할 수 있다. 도시와 국가는 천도, 안보, 정치 동향, 대외 관계, 군사, 치안 등이 포함된다. 지역정치는 의회와 지방자치이다. 도시 행정 및 정책 속에는 도시 관련 각종 제도와 정책, 행정이 망라된다고 할 수 있다. 682건 중 2000년도 이후 발표된 논저 33건이 정치편에 속했는데 서울정치의 핵심을 벗어난 채 행정 제도에 관련된 내용을 맴돌았다.

올해로 민선 서울시장을 시민의 손으로 직접 뽑은 지 20년을 맞는다. 그동안 6기에 걸쳐 5명의 민선 시장이 배출됐지만 그 정치적 실체는 여전히 모호하다. 정치권력론, 정치과정론, 정치리더십론, 정치문화론, 정치기구론 등 정치학의 분류를 서울학에 적용해 서울의 정치과정론, 서울의 정치리더십론, 서울의 정치문화론, 서울의 행정기구론 등으로 분류하는 등 서울정치학의 본격적 입론이 필요한 시점이다.

서울 요새화 계획이 남긴 것

서울정치학은 1394년 조선 태조의 한양천도에서 비롯됐다. 천도와 안보는 서울이라는 도시의 성립과 존망을 다루는 서울정치의 핵심이기 때문이다. 한양의 도시 입지는 국토의 중앙에 있다는 점, 군사적 요충지라는 점, 교통과 수운이 편리하다는 점 등 지정학적 요인이 작용했다. 여기에 풍수도참적 측면이 강하게 두드러졌다. 유교적인 동양의 우주론과 풍수조영 원리가 절충되어 한양 입지의 주요한 사상적 바탕이 되었다.

수도首都 · Capital란 국가의 통치를 위한 여러 기관과 기능이 집중된 곳으로 다른 도시와 차별성을 갖는 도시이다. 수도라는 개념은 일반적으로 근대 국가 형성 이후에 사용된 것으로 근대 이후에 출현한 개념이다. 즉 수도는 정치의 일원화를 특징으로 하는 근대 국민국가의 정치권력 소재 도시를 일컫는다. 수도에 있는 국가기관을 중앙 정부, 그 외의 지역에 있는 행정 기관들을 지방 정부라고 부르는 식이다. 서울을 다스리는 한성부와 한성부의 우두머리인 한성판윤은 중앙 정부에 속한 중앙직 관리였다. 조선시대에는 중앙과 지방이라는 용어는 사용하지 않았고 그와 비슷한 개념어로 경향京鄕, 중외中外, 내외內-外, 경외京外라는 용어가 사용됐다.

유럽에서는 16~17세기부터 수도라는 용어가 등장했지만 수도 개념이 일반화된 것은 18세기에 이르러서였다. 동아시아는 중앙집권체제가 일찍부터 형성되었고 지금의 수도와 유사한 개념 역시 일찍부터 실재하였다. 중국 중심의 국가별 위계가 존재하였고, 동일 국가의 지역 간에도 정치적, 신분적, 문화적 질서가 있었다.

한국과 중국, 일본의 사전에서 수도 항목을 찾아보면 한국은 '한나라의 중앙 정부가 있는 도시', 중국은 '국가 최고의 정권기관 소재지로 전국의 정치 중심', 일본은 '그 나라의 중앙 정부가 있는 도시'라고 각각 정의하고 있다. 세 나라 모두 국가를 단위로 수도를 사고하고 있음을 알 수 있다. 반면 영미권에서 수도를 나타내는 단어인 'Capital'에 대한 정의를 보면 '한 국가 혹은 지역의 정치 행정 중심 도시'라고 보는 시각이 강하다.

근대 이후 수도는 더는 신성한 장소가 아니게 되었고, 수도를 상징하는 성곽의 의미도 축소되었다. 또 제도상 특별한 지위를 갖지도 않으며,

정부과천청사(왼쪽 위)와 북악스카이웨이(왼쪽 아래), 남산타워(오른쪽)가 서울 요새화 계획에 따라 세워졌다.

©국가기록원

©「서울신문」 포토라이브러리

여의도 광장(위)과 잠수교(아래)도 전시 활주로와 강북 주민의 한강 도하 목적으로 만들어진 것이다.

교화의 기준으로 작용하지도 않았다. 대신 수도는 근대 국민 국가의 정치·행정·권력의 중심지라는 의미와 함께 국민 국가를 형성하는 데 필수적인 보편화의 기준이 되었다. 수도 그 자체로서 국가를 대표하기도 하며, 국민이나 국가의 형성에 필수적인 국어표준어도 수도의 말과 글을 기준 삼아 탄생하였다. 계서화된 국제 질서가 만국 공법적인 국제 관계로 재편되었듯이 차별적인 지역 간의 위상도 보편화를 지향하는 국민 국가와 자본주의 체제 아래서 일원화되었다.

한국에서 수도란 용어가 사용된 것은 1945년 해방 이후였다. 19세기 중반 'Capital'을 일본에서 번역한 이 용어는 1890년대 처음 들어왔지만, 서울을 지칭하는 용어가 아니라 외국의 수도를 지칭하는 용어로 주로 쓰였다. 교과서에도 등장하지 않았다. 근대 초기 통상조약을 맺을 때도 수도라는 용어 대신 도성이나 경사京師, 한양, 경성, 경도京都, 도읍, 수부首府, 수선首善, 경조京兆, 황성, 경화京華 등이 쓰였다.

수도 서울은 전제군주와 독재자의 희생양이었다. 임진왜란과 병자호란 때 임금은 수도를 등졌으며, 구한말 고종은 신변보호를 위해 러시아 공사관에 숨어들어 1년 동안 머물렀다. 한국전쟁 당시 이승만 대통령은 서울 사수 거짓부렁으로 피란을 떠나려던 서울 시민들이 한강을 건너지 못하게 했다. 이때 생긴 트라우마가 한강 너머 강남땅에 대한 부동산 투기의 실마리를 제공했는지도 모른다.

1960~70년대 남북한 간 안보 경쟁의 산물인 '서울 요새화 계획'이 또 한 번 서울을 멍들게 했다. 북한 장사정포의 사정거리에서 벗어나고자 정

부를 과천청사와 대전청사로 분리했고, 끊임없는 수도 이전 시도는 노무현 대통령 탄핵과 세종시 정부 이전으로 이어졌다. 북한의 공습 때 서울 시민 30~40만 명용 대피소를 만들 목적으로 남산에 1, 2호 터널을 뚫었고, 남산타워 또한 북한에서 보내는 전파를 방해할 목적으로 세운 것이다. 을지로 지하보도 등 서울 곳곳의 지하보도도 대피용으로 만들었다. 서울로 들어오는 길목에는 어김없이 대전차 방어벽이 구축됐다. 홍은동 네거리 유진상가도 시가전용 엄폐물이었다. 여의도광장과 북악스카이웨이, 한강 잠수교도 안보용이었다. 국가 안보는 수도 서울에 숱한 생채기를 남겼다.

빛이 되리라, 광화문

광화문은 서울의 얼굴이다. 대한민국 국민이나 서울 시민이라면 누구나 경복궁의 정문인 광화문과 광화문 앞 그리고 광화문네거리에 이르는 길이 600미터, 너비 100미터의 공간에 관해 잘 안다고 생각하지만 실제로는 말문이 일찍 막혀서 계면쩍어지기 일쑤다. 광화문이 차지하는 이미지가 너무 크고 강해서 그렇거나, 너무 자주 광화문을 대하고, 얽힌 추억이 많아서 그럴 수도 있다.

빛 광光 자와 될 화化 자를 쓰는 광화문이라는 이름의 출처와 작명자, 작명시기에 대해서는 갖가지 이설이 난무한다. 그러나 『조선왕조실록』에 '경복궁의 남문이 광화문'이라는 기록이 있고태조 8권 4년, 1395, 조선 왕조 건국의 설계자인 정도전이 남긴 문집『삼봉집』에 '이제 오문吾門을 지칭하여 정문正門이라고 했다'라는 문장이 남아 있는 것으로 보아 태조 때는 광화문을 정남향의 문을 이르는 오문이라고 부르다가, 나중에 정문을 거쳐, 광화문으로 굳어졌다고 보는 게 좋을 것 같다. 중국 자금성의 정문이 오문이기 때문에 이를 피했다는 설도 있다. 서경書經에 나오는 '광피사표光被四表, 화급만방化及萬方'에서 앞 글자를 각각 따왔는데, '군주의 빛이 사방을 덮고, 만방에 미치게 된다'라는 뜻이다.

이름 때문인지 광화문하면 대한민국 권력의 원천이자 정점이라는 이미지가 가장 먼저 떠오른다. 조선시대에는 왕이 사는 경복궁과 행정관청인 육조六曹가 집결한 육조대로였고, 일제 강점기에는 조선총독부와 식민 지배기구들이 이곳에 도열해 있었다. 미 군정기간에는 군정청, 정부 수립이후에는 경무대와 중앙청, 지금은 청와대와 정부서울청사로 각각 이름을 바꿔가며 이 땅을 통치한 최고 권력자와 권력기관이 자리한 국가의 중추 공간이었다. 또 광화문은 대한민국과 세계로 향하는 모든 길의 원점元點이기도 하다.

왕이 살고, 관청이 있다 보니 사람과 물자가 몰려들었다. 우리나라 최초의 다운타운과 유흥가가 육조거리 배후지역인 지금의 당주동, 내수동, 서린동, 청진동, 다동 일대에 깃들었다. 여기에 권력을 감시하기 위한 언론, 출판, 문화기관이 총집결하면서 광화문은 시민공론의 장이요, 대중문화 1번지로 자리 잡았다.

광화문은 지배 이데올로기의 경연장이었다. 일제강점기 식민 지배를 정당화하기 위한 선전장이 되면서 모진 삭풍이 불어닥쳤다. 일제는 조선박람회1926년 등 다섯 차례의 대규모 박람회와 각종 전시회를 연다는 명목을 내세워 의도적으로 경복궁을 해체하고, 광화문 일대를 변형시켰다. 사실 조선시대 육조대로에 있던 경복궁은 국가의례나 문화행사가 열리는 대한민국 유일의 궁궐이었다. 경복궁의 궁역이 지금 상태로 대폭 축소된 것은 조선물산공진회1915년, 조선가금공진회1925년, 조선박람회1926년, 시정 20주년 기념 조선박람회1929년, 시정 25주년 기념 조선산업박람회1935년 등 일제가 조선의 근대화를 미화하면서 경복궁 일대에서 개최한 각종 박람회 때문이었다. 그나마 동십자각은 담을 잃고 외로운 섬 신세로 살아남았으나 서십자각은 1929년 우리의 시선에서 사라진 이후 86년의 시간이 흐르면서 잊혀져 버렸다.

본래 우리가 흔히 얘기하는 궁궐宮闕의 '궁宮'은 임금이 거처하는 집을 뜻하고, '궐闕'은 궐대闕臺라는 망루를 지칭하는 것인데, 이것이 모두 갖추어져야만 온전한 궁궐이다. 조선에서 궐대를 갖춘 궁은 경복궁이 유일하고, 나머지 창덕궁, 창경궁, 경희궁, 덕수궁은 본래 궐이 없는 궁에 불과하다. 서십자각을 복원해서 광화문과 동십자각을 연결돼야 비로소 궁궐이 완성된다고 한다. 우리는 지금 대궐이 없는 나라에 살고 있다.

역사는 과거 어느 시점의 시간이 아니라, 사람들을 미래로 인도해주는 유일한 길이다. 우리가 흔히 광화문이라고 부르는 공간을 통해 수많은 시간이 흘러가고 장소가 명멸했지만 흔적은 남아 있다. 지금도 광화문 광장 지하에는 8미터 깊이의 600년 묵은 지층地層이 존재한다. 하상

퇴적층 위에 자리한 최초의 인공도로면 위에는 분청사기 등 조선전기 백자가 출토됐고, 그 위 중기층에는 임진왜란 직후의 불탄 기와 조각 등이 남아 당시를 증언하고 있다. 17~19세기 백자들이 그 위층에 남아 있고, 19세기 전찻길에 쓰였던 침목도 나타난다. 600년 세월이 광화문 지층 8미터 바닥 속에 고스란히 존재하고 있는 것이다. 우리는 과거 한때 광화문과 광화문앞거리 그리고 광화문네거리를 제대로 지키고, 제대로 보살피지 못했지만 광화문은 600년 전 예언처럼 빛이 되어 우리 곁을 지키고 있다.

남산의 벚꽃

지금 우리가 알고 있는 남산은 본래의 남산이 아니다. 일제 강점기와 한국전쟁기 그리고 산업화 과정을 겪으면서 가장 극심한 파괴와 훼손의 상처를 입은 역사의 산증인 남산은 일제강점기에 회복하기 어려울 정도의 깊은 내상을 입었다. 일본은 남산과 남산 주변 지금의 충무로 일대를 식민 통치의 핵으로 삼았다. 일본의 남산 잠식은 치밀한 계획에 따라 이뤄졌다. 1898년 예장동에 경성신사를 세우더니, 1904년에는 필동에 조선통감부, 헌병대사령부, 일본인 거류지 등을 착착 구축했다. 1908년에는 무려 30만 평에 한양공원을 조성하고 조선신궁을 세웠다. 그들은 사대문 안에서 가장 눈에 잘 띄는 곳에 조선신궁을 세워 조선 사람의 혼을

뺏고자 했다. 그렇게 잠식당한 땅이 지금 남산공원87만 8,000평의 3분의 1을 넘는다. 이때 남산의 역사성과 생태계의 많은 부분이 허물어졌다.

흔히 벚꽃 하면 매년 대대적인 축제가 열리는 여의도를 떠올리는 사람이 많겠지만, 개체수로 따지면 서울에서 벚나무가 가장 많은 곳은 남산일지도 모른다. 그런데 어쩌다가 남산이 이렇게 벚나무 천지가 됐을까? 벚나무 식재의 역사를 살펴보면, 남산도서관에서 서울타워에 이르는 벚꽃터널은 백여 년 전 일제에 의해 조성됐다. 일본인들은 지금의 숭의여자대학 자리에 왜성대공원, 옛 남산 분수대와 지금의 케이블카 승강장 남측 지점에 한양공원을 각각 조성했는데 이때 일본산 벚나무를 대거 옮겨 심었다. 1935년 3월 27일자 『매일신보』 기사에 따르면 일제는 장충단에 벚나무 1만2500그루도 심었다. 명성황후 시해사건을미사변 때 순직한 호위군사들을 기리기 위해 조성된 우리나라 최초의 국립 현충원 장충단에 벚나무를 심고, 초대통감 이토 히로부미에게 제사 지내는 박문사를 지어 공원으로 전락시켜버린 것이다. 이 벚나무들이 야금야금 퍼져서 남산을 뒤덮었고, 벚나무 식재 과정에서 남산의 터줏대감 격인 굽은 소나무가 희생됐다고 한다. 언젠가부터 한국인이 가장 좋아하는 봄꽃이 된 벚꽃을 시대착오적인 역사 인식으로 무조건 배척하자는 얘기가 아니다. 다만 일본이 군국주의의 상징인 벚나무를 유독 남산에 대대적으로 심은 이유만큼은 잊지 말아야 할 것이다.

이제 탈개발, 탈권위주의 시대를 맞은 남산은 단순한 복원을 뛰어넘어 사회적, 문화적 공공성을 찾는 새 국면을 맞고 있다. 1990년대 이후 닻을 올린 '남산 제모습찾기 사업'과 '남산 르네상스'에 이어 남산 정체성을 회복하는 작업이 곳곳에서 진행되고 있다. 1993년 5개의 봉수대가 정상에 복원됐고, 회현자락에 있던 식물원과 동물원이 철거돼 2012년 백범광장이 조성됐다. 또 조선신궁이 있던 중앙광장을 중심으로 땅속에 묻혀 있던 옛 한양도성 발굴이 이어지고 있다. 한남자락에는 1994년 외인아파트를 폭파한 자리에 야외식물원을 조성했다. 예장자락에는 1995년 안기부가 옮겨간 뒤 유스호스텔이 들어섰고, 1998년 수도방위사령부가 떠난 자리에 한옥마을이 들어섰다. 더불어 소나무도 1만 8300그루를 새로 심어 2015년까지 총 4만 9300그루, 남산 숲의 17.7퍼센트를 차지하고 있다. 갖은 상처로 얼룩졌던 남산의 얼굴이 많이 밝아졌다. 역사의 중심에서 고난과 역경을 고스란히 받아냈던 남산, 굴곡진 역사 속에서 남산이 겪어야 했던 일련의 사건들은 어쩌면 남산의 중요성을 반증하는 것이기도 하다. 남산의 정체성 회복과 치유에 관심을 갖고, 그 가치를 인식해야 할 때다.

연식은 이천 년,
마일리지는 육십 년

서울은 연식 이천 년에, 마일리지는 육십 년에 불과한 신생도시

서울은 이천 년 이상의 생성사를 가진 기원전의 고도古都이며, 규모나 영향력 면에서 전 세계 열 손가락 안에 드는 거대 도시다. 지속적으로 한반도의 심장부 노릇을 한 지도 620년을 훌쩍 넘겼다. '도시는 기억으로 살아간다'라고 어느 시인은 읊었지만, 서울에는 읊을 기억이 별반 없다. 왜일까. 연식은 이천 년을 넘겼지만, 마일리지는 환갑에 불과한 후진국형 신생 도시로 강제 성형수술을 당했기 때문이다.

서울은 16~17세기 임진왜란과 병자호란 양란을 겪고서 인구가 10만 명에서 4만 명으로 줄었지만, 18세기 후반 30만 명이 사는 당대 세계 최대 규모의 도시로 회생했다. 한국전쟁으로 도시의 4분의 1이 파괴돼 폐허가 됐지만 60년이라는 짧은 기간에 초현대 도시로 탈바꿈하는 '한강의 기적'을 이뤘다.

우리는 회생과 개발의 논리에 파묻혀 민족의 역사와 공동체의 거룩한

자취를 유지하지 못했다. 서울은 역사 도시의 향기를 잃었다. '서울에는 분명히 서울다운 면이 있을 것인데 우리는 그것이 무엇인지를 아직 모른다. 사람들은 이것을 정체성이라고 하는데 서울은 바로 정체성이 희박하다'는 문제의식을 낳았다.

오늘의 우리를 있게 한 서울의 깊은 내면세계를 파헤쳐보고자 20년 전 고고성을 울린 것이 이른바 '서울학'이다. 서울이란 무엇인가 하는 의문에 학문적으로 답하려는 시도다. 서울학은 어느 특정 분야에 속하는 체계적이고 과학적인 학문이라기보다, 서울의 역사적·문화적 진면목을 살리기 위한 복합적이고 종합적인 학술·활동의 총칭이다.

모든 것은 다른 모든 것들과 얽혀 있다. 서울학은 서울이 가진 장구한 역사와 서울의 형성에 영향을 미친 모든 사물과 사실, 작용과 반작용 및 현상을 대상으로 하는 연구 분야로 씨줄과 날줄이 짜였다. 시공간의 축으로 볼 때 매우 포괄적이고 광범위한 종합 학문의 영역이며 학문과 학문 간 학제學際적인 연구 분야 또한 무한대다. 역사학을 바탕으로 학문 간의 벽을 허물자는 아날학파프랑스 역사학자 페브르와 블로크가 1929년 창간한 『경제사회사 연보』에서 유래된 역사학파의 명제를 실행할 무대다.

지역 명칭을 사용하는 학문이 학자들 사이에서 논의되기 시작한 것은 1980년대의 일이다. 1957년 서울 시사편찬위원회가 『향토서울』을 창간하면서 돛을 올린 이후 1994년 서울시립대학교에 세계 최초의 수도학 연구소인 서울학연구소가 개설됐다. 서울의 역사, 정치, 지리, 문화, 도시, 건축, 경제, 자연환경, 생활 등의 분야에서 서울의 생성, 성장, 발달 및 변천 과정을 체계적이고 종합적으로 연구해 하나의 새로운 독자 학문으로 발전시키고자 한 것이다. 단순히 지역학에 머무르지 않고 서울의 문화와 역사를 총체적으로 밝히는 학문을 목표로 했다.

1995년 본격 지방자치 시대의 개막과 함께 특정한 도시의 이름을 붙인 '부산학', '인천학', '강릉학', '대전학', '경주학', '안양학', '춘천학' 등이 생겨났다. 더불어 특정한 지역을 단위로 하는 '영남학', '호남학', '경기학', '충북학', '제주학', '강원학' 등 다양한 지역 학문이 싹을 틔우기에 이르렀다. 이에 앞서 1985년 대구지역사회연구회를 시작으로 부산지역사회연구회, 호남사회연구회, 전남사회연구회가 1988년부터 차례로 결성되면서 해당 지역 사회의 역사 발전과 현안을 화두로 삼았다.

현재 전국에는 서울학연구소, 도시인문학연구소, 서울연구원, 서울시사편찬위원회서울학, 부산학연구센터, 부산발전연구원부산학, 인천학연구원, 인천발전연구원인천학, 경기문화재단, 경기도사편찬위원회경기학, 충청학연구소, 충북개발연구원, 충북학연구소, 충북학연구센터충청학, 강원개발연구원, 매지학술연구소강원학, 대전학연구회, 대전발전연구원대전학, 제주역사문화연구소제주학, 호남문화연구소호남학, 경주학연구원경주학, 영남문화연구원영남학 등이 있다.

겸재 정선이 그린 한양 진경산수화 중 「송파진」. 산등성이에 검게 그린 것이 남한산성이다.

겸재 정선의 「행호관어」는 행주나루에서 한강을 바라본 풍경으로 웅어잡이하는 어선들과 행주 산성이 자리한 덕양산 기슭이 그려져 있다.

‘서울학’이란 무엇이며 왜 서울학인가

1980년대까지 서울 연구는 서울 내에 위치한 궁궐 및 도성, 도시 건축물의 개별적인 건설 과정, 연혁, 건설 규모의 고증과 서울 행정 제도사의 파악에 머물렀다. 1994년 서울학연구소 발족 이후 도시 공간 구조, 도시민의 주체적 행위 등 도시를 대상으로 하는 도시사, 도시학으로 영역이 확대됐다. 도시 건축물의 개별적인 건설 과정에서 벗어나 도시 계획 및 주거지 분화에 따른 공간 확장이나 공간 분화 양상을 고찰했다. 도시화가 낳은 사회적·문화적 도시 공간의 구조 변동이 서울 시민의 삶에 미친 영향을 연구했다.

그러나 서울학의 갈 길은 아직 멀다. 관동대 이규태 교수는 “지역이나 도시명을 사용하는 학문이 어떤 유형의 학문이며, 어떠한 학문적 성격을 가지고, 어떠한 방법을 통해서 연구돼야 한다는 학문 이론이나 연구 방법이나 연구 범주에 대한 객관적이고 보편화한 학문적 개념과 정의 그리고 이론은 아직 정립되지 않았다”라고 주장했다.

지방학의 전통은 동아시아에서 득세하는 편이다. 순서는 일본>한국>중국이다. 유럽에는 지역학의 전통이 없다. 있을 법한 프랑스 파리에도 ‘파리학’이라는 학문은 없다. 우리가 서울학을 연구하게 된 계기는 일본의 ‘에도학’이 제공했다. 도쿠가와 이에야스가 에도에 들어간 1590년 이래 만 400년이 되던 해인 1989년쯤 붐이 일었다. 일본 제2의 도시 오사카의 지역 연구를 시작하는 ‘오사카학’도 1994년 뒤를 이었다. 에도학 또는 '에도도쿄학'의 정의는 '에도 시대부터 지금까지의 도시 형성 발전과 문화 변용의 과정을 일관한 시점에서 파악해 그 연속성과 비연속성, 도시로서의 특성을 학제적으로 연구하는 학문'이다.

중국에는 베이징학이있다. 2000년도에 중국 베이징연합대학교가 우리의 서울학과 서울학연구소를 모델로 연구소를 창립, 베이징학 연구가 첫 발걸음을 떼었다. 서울학연구소는 2010년부터 '동아시아 수도 연구와 서울학'이라는 연구 주제로 연구 영역을 국제적으로 확장해 중국 베이징, 일본 도쿄, 베트남 하노이와 교류하고 있다.

서울학을 '서울지방학'이라고 호칭하는 방안도 제시됐다. 국제지역학을 연구하는 학문인 국제지역학International Area Studies과 크게 나누는 의미에서 지방학Local Studies이라고 부르는 것이 연구 범주나 학문의 개념을 명확하게 할 수 있다고 본 것이다. 한국의 수도인 서울을 연구하는데 지방학이라는 말을 사용한다면 어색한 느낌이며 서울학이 더 잘 어울린다는 의견도 있다. 그러나 중앙 정부와 지방 정부는 역할이나 기능에 차이가 있다. 마찬가지로 서울학과 '한국학'의 연구 범주도 다르다. 이 때문에 서울학을 서울지방학이라고 혼칭해도 문제가 없다고 본다.

중국은 중앙 정부와 지방 정부를 분명하게 구분하려고 베이징시의 경우 '베이징시 지방 인민 정부'라는 명칭을 사용하고 있다. 우리는 '서울시 지방 정부'라고는 하지 않으나 중앙 정부 산하기관은 서울지방국세청, 서울지방검찰청, 서울지방경찰청처럼 '서울지방'이란 명칭을 사용한

지 오래다.

'향토사'와 구분해야 한다. 우리가 흔히 지역 문화사를 이르는 향토사란 자연 지리적 공간과 전통문화를 결합한 공동체의 속성을 강하게 내포한 폐쇄적이고 자족적인 이미지가 강하다. 하여 지방학의 연구 목적이나 대상 혹은 범주가 주로 지역 사회의 역사문화 전통으로 한정될 우려가 있다는 점을 경계하자는 목소리이다. 국제지역 연구는 세계의 다른 국가나 다른 지역을 대상으로 한다는 점에서 국가 내부의 특정 지역에 대한 연구로서 지방학과는 다소 차이가 있다. 하지만 지방학의 연구 방법에 많은 시사점을 준다.

서울학은 국내 지방 연구의 인식 전환에 중요한 계기를 제공했다. 서울이라는 상징성과 대표성 때문이다. 서울학을 학문 영역의 하나로 모색하면서 가장 먼저 논의된 것이 바로 '서울학이 학문으로 성립될 수 있는가'라는 문제였다. 서울학연구소 초대 소장을 맡았던 안두순 서울시립대 명예교수는 「서울학 연구의 필요성과 가능성 및 그 한계」라는 논문에서 '서울에 대하여 너무도 모르는 것이 많고 알고자 하여도 그 결실을 당장에 기대하기 어렵다'면서 이는 '어느 누구도 서울에서 일어났고, 일어나고 있는 사건이나 사물에 대해서 관심을 갖고 체계적으로 분석하고 정리하며 이해하고 설명하고자 노력한 바가 없고 어느 학문 분야도 서울을 연구 대상으로 삼지 않았기 때문'이라고 설명했다.

서울학 연구의 첫걸음은 서울의 정체성 찾기이며 문제 해결을 위한 정책 연구의 성격이 강하다. 그렇다면 서울학의 연구 대상은 무엇인가.

공간적으로 행정 구역상 서울은 물론 역사적으로 서울과 불가분의 관계가 있던 지역 공간 모두를 대상에 넣었다. 시간상으로는 서울의 역사적 과거와 현재 그리고 미래가 대상이다. 학문별로는 정치학, 국문학, 사회학, 도시행정, 지리학, 건축학, 도시계획학, 조경학, 생태학, 민속학, 역사학, 경제학, 행정학 등 다양한 학문 분야와의 연계성이 모색됐다.

오늘날 서울을 구성하고 있고, 구성해온 모든 요소들이 서울학의 연구 대상이다. 서울의 장소, 사람, 일, 문화를 만들어내고 변화시키는 도시적 보편성과 특수성을 밝혀냄으로써 더 나은 서울의 미래상을 그리는 것이 서울학의 연구 목적이다. 서울은 멀리 있는 것이 아니라 우리 곁에 있다. 우리가 숨 쉬는 서울의 모든 것이 서울학의 연구 대상이다.

서울신문
seoul.co.kr
한국프레스
FC SEOUL

6

한성판윤과 서울시장

물렀거라, 한성판윤 납신다
관선 서울시장은 최고 권력자의 꼭두각시
'선출직 빅2' 서울시장

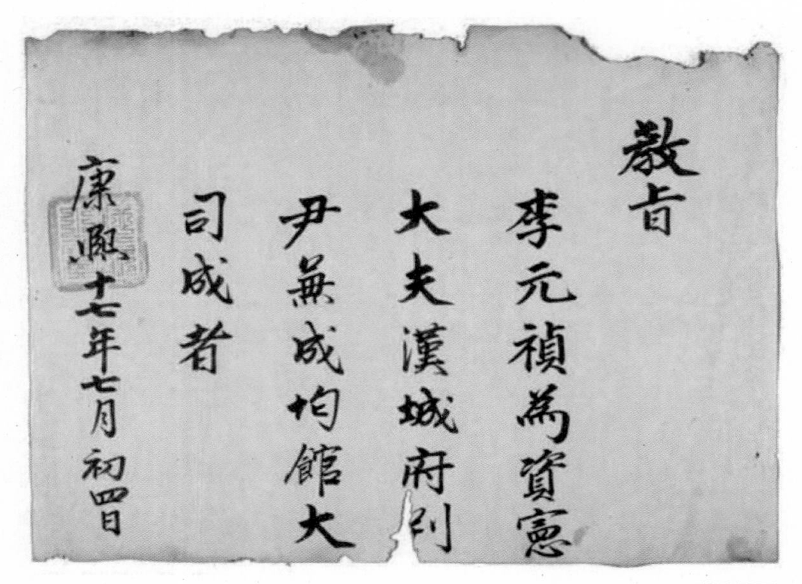
教旨
李元禎爲資憲
大夫漢城府判
尹兼成均館大
司成者
康熙十七年七月初四日

숙종 대 문신 이원정1622~1680의 한성판윤 임명 교지.

물렀거라,
한성판윤 납신다

서울시장의 파워, 한성판윤의 전통과 내력에서 비롯

서울시장이란 어떤 자리인가. 서울의 역사는 기원전 18년 한성백제까지 거슬러 올라가지만 달빛 아래서 흐릿하게 나타나는 야사가 대부분이다. 대낮에 떳떳하게 펼칠 수 있는 정사正史는 조선 개국 이후로 봐야 한다. 당시 서울은 하나의 도시가 아니라 사실상 국가 그 자체였다. 서울이 조선이고, 조선이 곧 서울이었다. 서울은 한성 또는 한양이라고 불렸는데 한성부漢城府가 오늘의 서울시청이며, 한성판윤漢城判尹이 서울시장이다.

일제 식민 시기 서울은 경기도에 속한 일개 지방 도시였고, 경성京城이라는 생소한 지명을 부여받았다. 제국의 유일한 수도는 도쿄東京였기에 조선 사람의 뇌리에서 수도의 위상을 지우려는 얄팍한 수작이었다. 서울시장의 지위 또한 경성부윤으로 깎아내렸다. 판윤判尹이라는 벼슬의 주인은 한성판윤 단 한 사람이었지만 부윤府尹은 여러 지방 도시의 장長 중 한 명이었다. 나라를 되찾은 이후에야 서울과 서울시장은 어느 정도 권위를 회복했다. 한성판윤과 관선 시장이 왕조와 권위주의 시대 최고 권력자의 하수인 역을 주로 수행했다면 민선 자치 20주년을 앞둔 지금 서울시장의 주가는 상한가를 치고 있다.

누가 서울시장을 지냈으며 어떠한 족적을 남겼을까. 서울역사박물관이 1997년 발간한 『한성판윤전』에는 『조선왕조실록』 에서 추출해 정리한 '한성판윤 선생안先生案'이 수록돼 있다. 초대 성석린 판한성부사부터 민선 6기 박원순 서울시장에 이르기까지 620년 동안 거쳐간 1,446명의 이름이 명멸하고 있다. 세월이 흐르면서 관직 이름도 판사-판부사-판윤-부윤-서울시장 등으로 13차례나 변경됐다.

실록에 한성판윤의 이임과 취임 내용이 누락돼 한성판윤을 역임하고도 수록되지 않은 인물이 적지 않았고, 너무 자주 바뀌었고 중임자가 많았던 점 등을 고려하면 숫자와 명단이 정확하지 않은 게 사실이다. 또 일제강점기에 재임한 일본인 경성부윤 18명과 광복 이후 서울시의 관선 시장 29명과 민선 시장 5명도 포함된 숫자다.

이와 관련해 향토사학자 박희 씨는 2005년 발표한 「역대 서울시장 연구」에서 '한성판윤을 포함한 서울시장은 모두 1,427명이었으며 이명박 시장이 제2005대 서울시장'이라고 주장했다. 조선 중기 이언강이 무려 11차례나 중임한 것을 비롯해 한 사람이 여러 차례 시장에 재임한 사례가 의외로 많았다는 것이다. 박씨의 주장에 따르면 박원순 시장은 제2008대 서울시장이며 역대 서울시장을 지낸 사람은 모두 1,429명이다.

최고 권력자로 따지면 역대 조선 왕 27명과 역대 대한민국 대통령 11명에 대통령 직무대행 6명을 합쳐도 40여 명에 불과하고, '일인지하만인지상一人之下萬人之上'이라는 영의정 165명과 조선 말 총리대신 및 의정대신은 물론 정부 수립 후 역대 국무총리 42명을 다 합쳐도 220명 남짓인 것과 비교하면 엄청난 숫자다.

조선의 중앙행정체제는 1부 6조 체제였다. 삼정승영의정, 좌의정, 우의정의 전원 일치 합의제 기구인 의정부議政府 아래 오늘의 정부 부처인 6조이조, 호조, 예조, 병조, 형조, 공조를 두었다. 현재의 부部를 조선시대에는 조曹라고 했다. 한때 지금의 광화문광장 KT사옥 앞 옛 한성부 터에 '경조京兆 아문터'라는 표석이 서 있었는데 이 때문에 6조와 경조를 유사 부서의 이름으로 잘못 알게 됐다. 2009년 광화문광장을 조성하면서 세종대왕 동상 옆에 한성부 터 표석이 새로 설치됐다.

한성부는 의정부와 맞먹는 파워 집단이었다. 한성부의 권한과 업무는 오늘의 서울시청보다 더 광범위했다. 정2품 한성판윤은 비록 임명직이지만 왕에게 신임을 얻었을 때는 지금의 민선 서울시장보다 힘이 더 셌다. 한성부는 지방행정조직이 아니라 중앙행정조직이었고, 한성판윤도 관찰사나 부윤과는 달리 중앙 관직이었다. 사법 기능과 수도 치안 유지 기능까지 한 손에 쥐었다.

한성부는 행정기관이면서 형조, 사헌부와 함께 삼법사三法司의 하나였고, 포도청과 더불어 궁궐과 도성을 지키고 순찰하는 치안업무도 맡았다. 20만 명이 거주하는 동시대 세계 최대 규모 도시의 하나인 한성의

©서울역사박물관

한국전통문화대학교 전통건축학과 학생들이 제작한 경복궁과 육조거리 모형도.

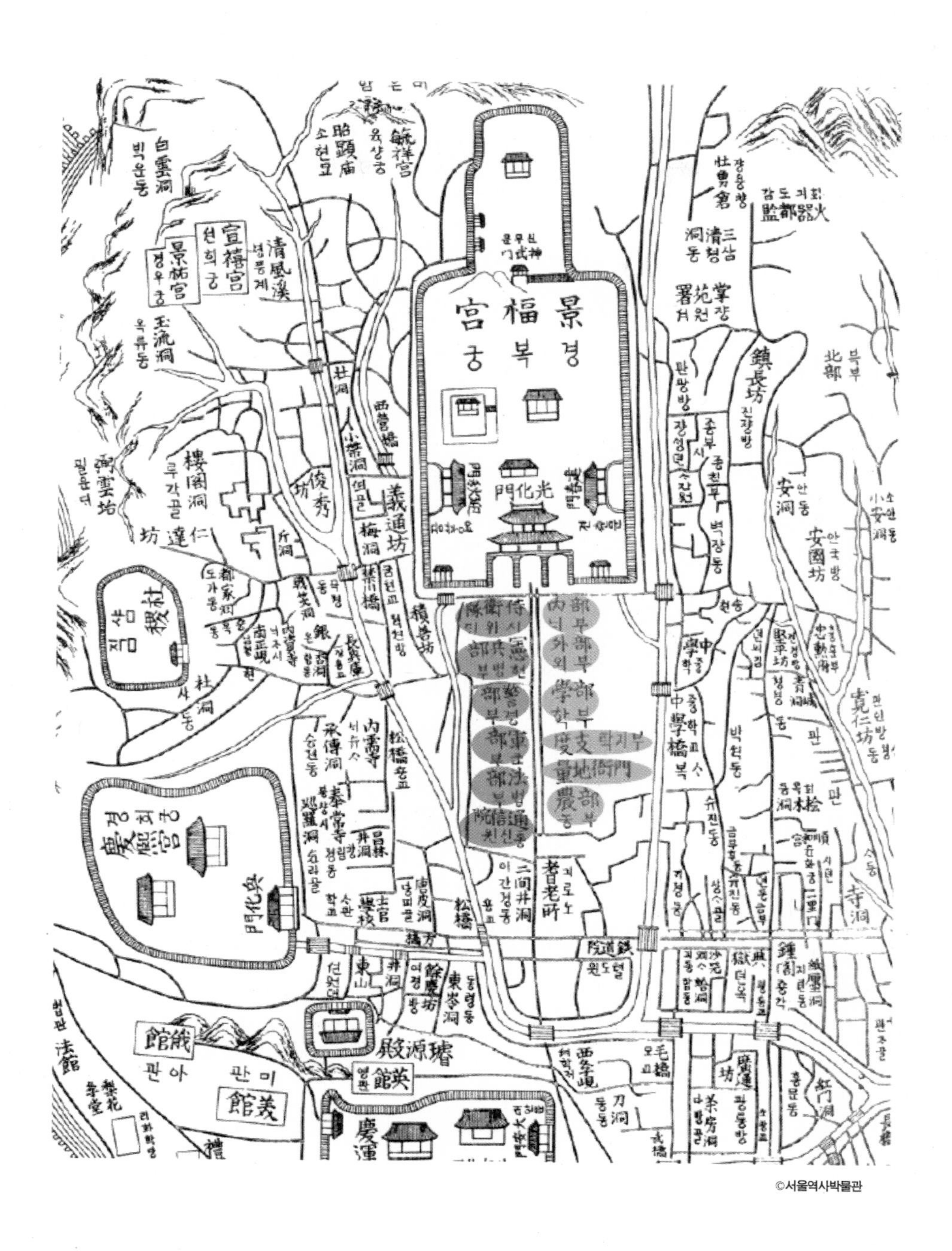

대한제국 시기 육조거리 입지도.

도시 시설을 관리하는 관청인 동시에 한성 부민에 대한 목민관청의 역할을 했다. 지방의 선위사宣慰使로 파견되거나 왕의 행차 때 어가를 안내하기도 했다. 중국 사신을 맞이하는 영접사를 맡거나 사신으로 파견되었으니 외교 업무마저 한성판윤의 몫이었다.

한성부는 전국의 호적 관리와 호패 발행을 통해 도성 안팎의 인구를 통제하고 군역과 부역을 관리했으며 궁궐과 한양도성, 시장, 도로, 하천을 관리했다. 일반 행정 기능과 함께 사법 기능까지 수행한 까닭은 전국에서 발생하는 토지나 가옥, 채무 관련 소송을 한성부가 도맡아 처리했기 때문이다. 한성부 아래에 오늘의 구청인 동부, 서부, 남부, 북부, 중부 등 5부를 두고 각 부 아래 이방, 호방, 예방, 병방, 형방, 공방 등 6방을 둔 것이 기본 편제였다.

한성부가 사실상 정부 역할을 한 이유는 다분히 복합적이다. 판서가 다스리는 중앙 부처는 6조였으나 한성부를 의정부와 함께 부府라고 칭한 것은 오늘의 정부政府 반열로 봤기 때문이다. 지금도 서울시는 국방을 제외한 모든 종합 행정이 이뤄지는 기관이다. "한성판윤 되기가 영의정 되기보다 어렵다"라는 말이 나온 것도 그 때문이다. 비록 정승이 영예로운 자리이지만 한성판윤의 집행 권한이 그만큼 많고 이해관계가 얽히고 설켰다는 뜻이었다.

영국의 주간지 『The illustrated London News』 1890년 5월 10일자에 실린 삽화들. 광화문을 중심으로 한 서울 풍경과 사람들을 묘사했다.

영의정보다 되기 어려운 재임기간 3.6개월의 파리 목숨

한성판윤만 제대로 두면 나라를 다스릴 수 있는 체제였다. 조선의 왕들은 한성판윤을 낙점하기 전에 친가와 외가의 3대까지 집안의 지체를 살폈고, 어느 당파에도 치우치지 않으며 성품이 편협하지 않은 인물을 골랐다. 경복궁의 정문인 광화문 육조거리 왼쪽에 의정부-이조-한성부가 나란히 위치한 것만 봐도 한성부의 위상을 짐작할 만하다. 한성판윤을 지낸 다음 이조판서로 옮겨가는 사례가 많았고 한성판윤 역임자 중에 영의정을 지낸 인물이 유독 많았던 것도 그 때문이었다.

판윤은 좌윤左尹과 우윤右尹이 보좌했는데 오늘의 서울시 행정1부시장과 2부시장 격이다. 오늘의 장관에 해당하는 6조 판서는 참판이라는 1명의 차관을 두었지만 한성부는 예외적으로 차관이 2명이었다. 업무의 과중함을 인정했기 때문이다. 한성판윤은 중앙 관직이어서 3정승, 6판서와 함께 왕이 집전하는 어전 회의에 참석할 수 있었다. 지방자치단체장인 서울시장이 국무회의에 참석하는 세계 유일의 전통이 여기서 비롯됐다.

지금의 도지사나 광역 시장에 해당하는 관찰사와 부윤이 종2품의 외관직이었지만 한성판윤은 수도의 시장 이상의 의미를 뒀다. 한성판윤은 판서를 지내거나 참찬, 대제학, 강화 유수를 지낸 정2품이 가는 자리로 여겨졌고 종2품 참판이나 관찰사, 승지에서 발탁된 사례도 가끔 있었다. 한성판윤을 지낸 다음 승진보다 수평 이동을 할 경우 대개 이조판서로 옮겼다. 의정부 좌우참찬이나 관찰사, 대사헌으로 많이 옮겼으며 정1품

(위) 한성판윤을 지낸 황희, 박규수, 지석영.
(아래) 유일하게 남아 있는 한성부 관아 내부 사진.

우의정으로 승진한 사례도 있었다.

한성판윤을 지낸 유명 인물로는 황희, 맹사성, 서거정, 권율, 이덕형, 박문수, 박규수, 박영효, 지석영, 민영환 등을 꼽을 수 있다. 네 차례 이상 지낸 사람은 53명이었다. 무려 열 번을 중임한 이가우는 헌종부터 철종까지 13년 동안 취임과 퇴임을 거듭해 별칭이 '판윤대감'이었으나 재임 기간은 통틀어 1년 3개월밖에 되지 않았다. 북벌을 추진했던 이완은 일곱 번, 독립협회에 가담했던 이채연은 여섯 번이나 한성판윤을 지냈다. 철종 때 김좌근, 고종 때 이기세, 한성근, 임응준은 1일 초단임 시장으로 끝났다.

한성판윤은 왜 그렇게 자주 바뀌었을까. 한성부를 다스리기보다 중앙 정치에 지나치게 간여하여 적을 많이 만든 게 탈이었다. 송사를 다루는 사법 업무도 수명을 재촉했다. 무엇보다 구경九卿이라고 하여 의정부 좌우참찬, 6조 판서, 한성판윤을 명예로운 벼슬로 꼽았는데 9경 벼슬을 여러 번 거치는 게 가문의 영광이었다. 그런데 골치 아픈 한성판윤직에 오래 머무르기보다는 이름만 올리고자 한 욕심이 자리 이동이 가장 심한 관직이라는 오명을 뒤집어쓰게 만들었다.

조선 513년1392~1905 동안 한성판윤은 평균 재임 기간 3.6개월의 '파리 목숨'이었다. 반면에 광해군 대 오억령은 무려 13년 4개월이나 집권했으며 단 하루 만에 바뀐 사람도 5명에 이른다. 조선 말 순조 대에 접어들면 일 년 이상 자리를 지킨 인물이 한 명도 없었다. 잦은 교체로 말미

1895년 경 육조거리 한성부 정문 풍경.

암은 공백을 채우려고 종5품 판관 중 한 명은 장기 복무케 했다.

한성판윤을 열 명 이상 배출한 가문은 전주 이씨, 여흥 민씨, 달성 서씨, 파평 윤씨 등 모두 35개 가문이었다. 왕족인 전주 이씨가 43명으로 가장 많았고 여흥 민씨가 35명이었는데 그중 8명이 명성황후 민비가 세력을 떨친 고종 대 20년 동안 발령났다.

고종 27년인 1890년에는 한 해 동안 25명이 바뀌었고, 고종 재위 43년 7개월 동안 모두 378명의 한성판윤이 옷을 입었다가 벗었다. 영조 때 병조판서를 지낸 홍상한과 아들 낙성, 손자 의모가 3대에 걸쳐 한성판윤을 지냈고 숙종 때 영의정을 지낸 서종태와 두 아들 명균, 명빈 3부자가 한성판윤에 오르기도 했다.

오늘날 국무총리를 지내고 나서 서울시장 선거에 출마하는 게 흠결이 되지 않는다. 서울시장을 지낸 인사가 대통령에 당선된 사례가 있고, 서울시장에 오르면 차기 혹은 차차기 유력 대권 주자로 꼽히는 것도 500년 이상 내려온 한성판윤의 오랜 전통과 내력의 힘이다.

관선 서울시장은 최고 권력자의 꼭두각시

관선 서울시장 영욕사

'정부 속의 정부' 서울시와 흔히 '소통령小統領'으로 일컬어지는 서울시장의 변천사를 제대로 살펴보려면 몇 가지 시기로 구분하는 것이 좋을 듯하다. 일률적으로 파악하기엔 우리 근현대사가 너무나 복잡다단했기 때문이다. 왕조의 몰락과 함께 찾아온 외세 강점기와 독립 쟁취가 아닌 강대국 협상의 산물인 미 군정 과도 체제는 정부 수립 전후 극단적인 혼란을 가져왔다. 한국전쟁 이후 혁명과 반혁명을 거치면서 세계 어느 나라에서도 찾아볼 수 없는 격변의 파노라마가 이 땅을 휩쓸었다. 서울시장의 역할은 특별했다. 중앙 부처도 아니고 지방자치단체라고도 할 수 없는 수도 서울의 독특함이 서울시장이라는 자리를 그렇게 만들었다.

서울시장의 위상 변화는 대략 5단계로 나눌 수 있다. 조선 500년을 관통한 한성부와 한성판윤의 명멸, 일제강점기와 미 군정기 경성부와 경성부윤으로의 위상 격하, 한국전쟁과 두 번의 정변 과정에서 맞은 서울시정의 공백, 30년간 지속한 군사정권 아래 관선 시장, 1995년 지방자치

©서울시립대 서울학연구소

1926년 어느 날 원구단 황궁우를 찍은 사진 속에 서울시청당시 경성부청이 확연하다. 서울시청은 일제강점 이후 경성부청으로 격하되고 나서 이곳저곳을 열 차례나 전전했다. 이 사진은 건물이 완공된 직후 신세계백화점당시 미쓰코시백화점 경성점 자리에 있던 경성부청이 옮겨 오고 나서 촬영된 것으로 보인다.

제 실시 이후 '선출직 빅2'로 꼽히는 민선 서울시장의 탄생 등이다.

특히 정부 수립 이후 서울 시정을 획일적으로 보는 것은 적절치 못하다. 왕조의 유물인 한성판윤과 일제 잔재인 경성부윤은 분명히 선을 그어야 하겠으나 관선과 민선 시장까지 뭉텅 그려 역대 서울시장1~36대으로 묶기엔 무리라는 뜻이다. 같은 서울시장이지만 임명직 시장과 선출직 시장의 위상은 하늘과 땅 차이기 때문이다.

서울시장의 위상 변화에 따른 구분과 아울러 민선 서울시장을 크게 1기와 2기로 떼는 것도 방법이다. 관선 1기는 1대 김형민1946년 9월 29일~1948년 12월 14일 시장부터 10대 장기영1960년 5월 2일~1960년 6월 30일 시장 재임기로 볼 수 있다. 이어 4·19 혁명의 희생으로 쟁취한 최초의 민선 시장인 제11대 김상돈1960년 12월 30일~1961년 5월 16일 시장을 민선 1기로 따로 평가해야 한다. 5·16 군사정변으로 임명직 관선 시장 시대로 되돌아간 제12대 윤태일1961년 5월 20일~1963년 12월 16일 시장부터 제29대 최병렬1994년 1월 3일~1995년 6월 30일 시장까지가 관선 2기이고, 본격 지방자치 시대를 연 제30대 조순1995년 7월 1일~1997년 9월 9일 시장부터 제36대 박원순2011년 10월 27일~현재 시장까지를 민선 2기로 보는 것이다.

이것이 관선과 민선 시장이 혼재된 서울시장사를 정리하는 한 방법이 아닐까 한다. 민선 서울시장사에 발자취가 뚜렷한 김상돈의 민선 시대를 빼버리고 조순 시장을 민선 1기로 계산해 현 박원순 시장을 민선 6기로 치는 것은 잘못된 계산법이다. 엄연하게 서울 시민의 손으로 뽑은 첫 민선 시장을 대통령이 임명한 관선으로 모는 격이다. 말로는 '첫 민선 시장 김상돈'이라면서 민선 시장 계보에서는 빼버렸다. 우리 민주주의 역사의 중요한 한 장인 최초의 민선 시장기를 되살릴 필요가 있다.

관선 서울시장은 권력의 꼭두각시였다. 최고 권력자의 하수인 역할을 충실히 하면 연임하거나 장수했다. 제1대 김형민은 미 군정이 임명한 구색 갖추기용 한국인 시장이었다. 미국 미시간대학에서 교육학 석사학위를 받은 뒤 귀국, 영어 교사를 거쳐 석유상을 하다 미 군정 관계자와 인연을 맺어 해방 이후 첫 한국인 경성부윤인 이범승1945년 10월 25일~1946년 5월 9일에 이어 제2대 경성부윤으로 취임했다가 얼떨결에 벼락출세했다. 관선과 민선을 합쳐 역대 최연소인 39세 시장이다. 미 군정청은 미군시장 윌슨 중령이 한국인 시장을 지휘하는 '투톱 체제'로 운영했다.

비록 허수아비였지만 김형민 시장은 '서울'이라는 지명이 살아남는 데 결정적 공을 세웠다. 미 군정청 군인들과의 친분을 이용해 '서울시 헌장Charter of The City of SEOUL'을 제정토록 하고, 경성부를 서울특별시로 승격시킨 것이다. 그는 일본식 동명과 가로명, 도로명을 현재 사용하고 있는 지명으로 바꾸는 의미 있는 일도 했지만 일제 잔재 탈피에 급급해 서두르는 바람에 옛 우리말 지명 되찾기에 실패하는 우도 범했다. 그가 나서지 않았다면 서울은 건국기의 혼란 와중에 우남雩南 이승만 대통령의 아호를 따 '우남시雩南市'로 이름을 바꾸는 일이 벌어졌을 수도 있다.

끝까지 고집을 부려 추종자들의 압력을 이겨냈다는 후일담이다. 이

©국가기록원

1971년 10월 서울시청 앞 지하철 1호선 공사 현장과 옛 서울시청의 모습.

©서울역사편찬원

©「서울신문」 포토라이브러리

(위) 1994년 서울시청 앞. 2004년 5월 서울광장이 조성되기 전 서울시청은 대한민국에서 가장 통과하기 어려운 난코스의 교통광장이었다.

(아래) 2009년 2월 철거가 한창 진행 중인 서울시청 본관동. 파사드(건물 전면부)와 중앙 태평홀 일부만 남기고 다 뜯어냈다.

초대
김형민
2대
윤보선
(대통령)
3~4대
이기붕
(부통령)
8대
허정
(내각수반,
국무총리)
11대
김상돈
(민선1대,
4·19)
12대
윤태일
(5·16)
14대
김현옥
15대
양택식
16대
구자춘
22대
고건
(국무총리 2회)
29대
최병렬
(마지막 관선)
민선1기(30대)
조순
민선2기(31대)
고건
민선3기(32대)
이명박
(대통령)
민선4~5기(33~34대)
오세훈
민선5~6기(35~36대)
박원순
©「서울신문」 포토라이브러리

역대 서울시장들.

승만도 집권 후 국무회의에서 "우리나라 지명 중 유일하게 한자로 표시가 안 되는 서울이라는 지명은 문제가 있다"면서 지명 변경 검토를 지시해 은연중 자신의 아호를 도시명으로 정하고 싶은 의도를 드러냈다. 국부로 추앙받으면서 남산에 25미터 높이의 세계 최대 동상을 세우고, 시민회관을 우남회관, 남산 팔각정을 우남정이라고 작명했던 만큼 충분히 가능한 일이었다. 그러나 수도 이름을 바꾸는 데 비용이 너무 많이 들뿐더러 자신의 손으로 바꾸기엔 민망하다며 차일피일 미루다 4·19를 만나 없었던 일이 됐다.

1~29기까지 관선 서울시장의 면면

관선 시장의 면면을 보면 관선 1기에는 정치인 출신윤보선, 이기붕, 고재봉, 허정, 임흥순, 장기영이 대부분이었다가 5·16 군사 쿠데타 이후 군인윤태일, 김현옥, 구자춘과 경찰정상천, 박영수, 염보현 출신이 주류를 이뤘다. 1970년대 이후 서울시 행정이 복잡해지고 전문화되면서 행정 관료양택식, 김성배, 김용래, 고건, 이해원, 이상배, 이원종, 우명규 출신이 자리를 잡았다.

일화도 많이 남겼다. 제2대 윤보선1948년 12월 15일~1949년 6월 5일 시장은 취임 일성으로 "쓰레기를 청소하라"고 지시했다. 제8대 허정1957년 12월 14일~1959년 6월 11일 시장은 시장실 문을 발로 차고 들어온 모 야당의원에게 "깡패 같은 놈"이라며 호통을 친 뒤 수위를 불러 시청 밖으로 끌어냈다. 신당동 동회장 출신으로 자유당 정권의 마지막 하수인 임흥순1959년 6월 12일~1960년 4월 30일 시장은 서울시 공무원 전원이 도시락을 싸오도록 해 '도시락 시장'으로 통했다.

첫 민선 시장이자 마지막 민선 시장이 될 뻔했던 김상돈 시장은 4·19 혁명이 낳은 비운의 스타였다. 등록 상표인 카이저수염에 국민복을 차려입고 엄청난 거구를 흔들며 지팡이를 휘둘렀다. 민주당 후보로 나서 전임 관선 시장 장기영을 꺾은 그가 얻은 표는 서울시 총 유권자의 19.5퍼센트에 불과해 '2할 시장'이라는 별명을 얻었다. 취임식장에서 터진 "민나 도로보데스모두 도둑놈이다"라는 일갈은 서울시 역사상 가장 유명한 어록이다. 서울시는 복마전이고, 서울시 공무원들은 전부 도둑놈이라는 이 한 마디 때문에 지금도 서울시는 복마전의 그림자를 벗지 못하고 있다. 시민과의 면담은 대부분 청탁이므로 면회를 하지 않겠다고 선언하기도 했다.

5·16 쿠데타로 취임한 제12대 윤태일 시장은 육군 소장 계급장이 달린 군복을 입은 채 시장직에 취임했고 그만둘 때까지 군복 차림이었다. 당시 내무장관이던 한신육군 소장 장군과의 라이벌 의식이 지방자치사를 바꿨다. 자신의 전용 지프 번호가 26번이고 한신 장관이 12번이라는 사실을 알게 되자 서울시 번호판을 아예 바꿨다. 앞에 지역명을 넣어 '서울1000번'으로 바꾼 것이다. 한신 내무부 장관의 지휘를 받을 수 없으니 서울시를 내부무 산하가 아닌 총리실 산하로 바꿔달라고 박정희 의장에게 떼를 썼다. 이 덕분에 1962년 '서울특별시 행정에 관한 특별 조치법'

이 만들어져 서울시가 국무총리 직속으로 지위가 승격되고, 국무회의에 배석하는 장관급이 됐다.

제14대 김현옥1963년 3월 31일~1970년 4월 15일 시장에서부터 제15대 양택식1970년 4월 16일~1974년 9월 1일 시장, 제16대 구자춘1974년 9월 2일~1978년 12월 21일 시장 등 3명의 시장이 재임한 15년 동안 서울의 지형이 바뀌었다. 이 시기 서울은 '한강의 기적' 기반을 닦았고, 지하철 시대를 열었고, '강남 아파트 공화국'이 됐다.

제18대 박영수1980년 9월 2일~1982년 4월 27일 시장 이후 제21대 김용래1987년 12월 30일~1988년 12월 4일 시장까지 4대에 걸친 서울시정의 모든 것은 서울아시안게임과 서울올림픽에 맞춰졌다고 해도 과언이 아니다. 1980년대를 마감하고 1990년대를 연 제23대 박세직1990년 12월 27일~1990년 2월 18일 시장부터 마지막 관선 시장 제29대 최병렬 시장까지는 개발 시대의 후유증으로 말미암은 각종 비리 사건으로 얼룩졌고 결국 성수대교와 삼풍백화점 붕괴로 마감됐다.

관선 시장이 세운 기록도 다양하다. 최연소는 김형민39세 시장이 유일한 30대를 기록하고 있고, 이어 김현옥40세, 구자춘42세, 윤태일43세, 양택식 · 김상철46세, 정상천47세, 김태선49세 시장이 40대였다. 외세 강점기와 전쟁, 혁명 등의 격변기를 거치면서 젊은 인재 등용이 상대적으로 많았다. 김형민 시장은 마지막 경성부윤이자 초대 서울시장이라는 전무후무한 진기록을 보유했다. 이승만 대통령의 그림자 이기붕1949년 6월 6일~1951

년 5월 8일 시장이 제3~4대를 연임했고, 미국 유학파로 경찰 출신이던 김태선1951년 6월 27일~1956년 7월 5일 시장이 제5~6대 시장을 연임했다. 이후 관선 시대에 연임은 없었다. 김태선 시장의 재임 기간은 4년 11개월로 관선 시장으로선 최장수이지만 관선과 민선을 합쳐 6년을 재직한 고건 시장에게는 뒤진다. 그러나 보궐 선거로 오세훈 시장의 잔여 임기 2년 8개월을 채운 박원순 시장이 두 번째 임기 4년을 무사히 채우면 6년 8개월이라는 최장수 기록을 갈아치울 전망이다.

'최단명' 시장은 그린벨트 훼손 문제로 부임 7일 만에 물러난 제26대 김상철 시장이었다. 1994년 성수대교 붕괴 사고 수습을 위해 임명됐다가 성수대교 부실시공 책임을 지고 11일 만에 물러난 제28대 우명규 시장과 수서 택지 개발 특혜 비리로 53일 만에 도중하차한 제23대 박세직 시장이 뒤를 잇는다. 성수대교 붕괴 수습용 시장을 맡았던 마지막 관선 시장 최병렬 시장은 이임식을 하러 가던 길에 삼풍백화점 붕괴 소식을 듣고 사고 현장으로 달려가야 했다.

제2대 윤보선 시장이 대통령에 올랐고, 제4대 이기붕 시장은 부통령에 선출됐다. 제8대 허정 시장은 4·19 혁명 직후 과도내각 수반, 대통령 직무대행, 국무총리를 각각 맡았고, 제22대 고건 시장은 2년간의 관선 시장직에서 무사히 물러나고 나서 국무총리와 노무현 전 대통령의 탄핵안 가결로 대통령 직무대행을 맡았다가 8년 만에 민선 서울시장으로 화려하게 복귀했다. 허정 시장과 고건 시장이 세운 시장, 총리, 대통령 권한대행의 3관왕 기록은 앞으로 깨지기 어려울 것으로 보인다. 관선 서울

시장이 최고 권력자의 명을 받드는 꼭두각시 최고 집행자였다면, 이후 전개될 민선 서울시장은 시민들의 명을 받드는 대신 차기 혹은 차차기 대권을 예약하는 자리가 되었다.

'선출직 빅2'
서울시장

민선 20년, 전·현직 시장 5명 중 대통령과 국무총리 배출

본격 민선 서울시장 시대가 열린 지 20돌을 맞았다. 그동안 1기 조순민주당·1995~1998, 2기 고건새정치국민회의·1998~2002, 3기 이명박한나라당·2002~2006, 4기 오세훈한나라당·2006~2010, 5기 오세훈한나라당·2010~2011, 5기 보궐 박원순무소속·2011~2014, 6기 박원순새정치국민연합·2014~2018 등 모두 6기에 걸쳐 5명의 서울시장이 선출됐다.

출신을 따져 보면 학자조순, 관료고건, 최고 경영자이명박, 법조인오세훈·박원순이다. 당선 당시는 관료조순·고건, 국회의원이명박·오세훈, 시민운동가박원순의 신분을 가지고 있었다. 대통령이명박을 배출했고, 2명의 시장오세훈·박원순은 재선에 성공했다. 전직 총리 4명정원식·고건·한명숙·김황식이 출사표를 던졌지만 1승고건 2패정원식·한명숙의 초라한 성적표를 제출했다.

김황식 총리는 본선에도 나가지 못했다. 이명박 전 대통령도 1995년 정원식 후보에게 경선에서 패했고, 1998년에는 선거법 위반 유죄가 확정돼 경선을 포기하는 등 두 번의 예선 탈락 끝에 시장직을 거머쥔 서울

(위) 도열한 역대 서울시장들.
(아래) 서울시청.

시장 '3수생' 출신이다.

'대권가도', '제2의 권부', '소통령'으로 인식되는 서울시장의 성공 여부는 대통령, 국회, 서울시의회 등 3박자로부터 가장 큰 영향을 받는다. 특히 대통령 선거에 이어 유권자 수가 가장 많아 '선출직 빅2'로 꼽히는 민선 서울시장은 대통령에 대한 중간 평가 성격을 띤다. 지방선거의 시기적 특성상 대통령과 소속이 다른 야당 후보가 당선된 사례가 7차례 중 5차례였다.

조순 시장은 신한국당 김영삼 대통령1993~1998 임기 중 당선됐고, 고건 시장은 새천년민주당 김대중 대통령1998~2003, 신한국당이 당명을 바꿔 한나라당 후보로 공천된 이명박 시장도 김대중 정권 아래 당선됐다. 고 시장은 김 대통령 임기와 겹쳤고, 이 시장은 노무현 대통령2003~2008 집권 때는 야당 서울시장이었다. 4기 오세훈 시장도 노 대통령 때 당선됐다. 박원순 시장은 이명박 대통령2008~2013 재임 때 5기 보궐선거에서 무소속 후보로 출마해 승리했고, 제1야당에 입당한 지금은 박근혜 대통령2013~2018과 6기를 동행 중이다.

고건·오세훈 시장은 여당 시장으로 밀월 관계를 보냈지만, 조순·이명박·박원순 시장은 재임 기간 대부분을 불편한 야당 시장으로 보냈거나 보낼 예정이다. 그러나 영향력 측면에서 보면 집권 여당 대통령이 공천해 당선된 여당 시장보다 야당 시장이 센 경향이 있다. 대통령의 의중을 살피기보다는 시민의 표심에 따르기 때문으로 보인다. 고건 시장은 김대중 대통령의 그늘에 가려 '행정의 달인' 역할에 만족했다.

오세훈 시장은 노무현 대통령이 집권한 4기 야당 시장일 때 디자인 서울 등 서울의 얼굴을 바꾸는 야심 찬 프로젝트를 추진해 재선에 성공했으나 여당 시장이던 5기 때는 같은 당 소속이자 전임 시장인 이명박 대통령의 뉴타운 정책이나 교통 정책 등 뒤치다꺼리를 맡는 듯한 인상을 주었다.

서울시장의 힘은 유권자인 서울 시민과 감시자인 서울시의회에서 나온다. 불특정 다수인 시민과 달리 서울시의회는 서울시장이 유일하게 눈치를 보는 대상이다. 서울시의회는 조례·예산 의결이나 행정 사무 감사 등을 통해 서울시장과 집행부의 권한 남용과 독주 등을 감시하고 견제하기 때문이다.

서울시의회의 지배력은 바람에 휘날리는 깃발처럼 그때그때 달랐다. 조순 시장은 야당 시장이었지만 소속 민주당이 서울시의회 의석 147석 중 130석을 차지하던 시절이라서 끗발이 있었다. '서울 포청천'의 인기를 만끽했다. 당산철교 폐쇄와 여의도 공원화 사업이 가능했던 배경이다. 구청장도 강남과 서초 두 곳을 제외한 스물세 곳이 민주당 소속이었다.

고건 시장은 여당 시장이면서 시의회104명 중 80명와 구청장25명 중 19명까지 여당인 최고의 호시절을 누렸다. 이명박 시장은 임기 전반은 김대중, 후반은 노무현 대통령과 맞물렸다. 한나라당은 1997년과 2002년 대선에서는 연속으로 졌지만 2000년 16대 총선에서 승리했고, 시의회96명 중 81명와 구청장25명 중 23명을 지배해 남부러울 게 없는 여건이었다. 청계천 복원, 뉴타운 사업, 대중교통 체계 개편 등 주력 사업에 올인할 수 있었다.

오세훈 시장의 4기는 화려했다. 강금실 후보를 61퍼센트 대 27퍼센트 압도적 표차로 따돌리면서 시의회106명 중 100명와 구청장25명 중 25명을 석권했다. 디자인 서울, 한강 르네상스 사업 추진에 힘이 쏠릴 수밖에 없었다. 불행의 씨앗은 2010년 6·2 지방선거에서 싹텄다. 자신은 한명숙 후보를 실낱같은 차47.4퍼센트 대 46.8퍼센트로 이겼지만 시의회민주 79명, 한나라 27명와 구청장 민주 21명, 한나라 4명을 내주었다.

무상급식 불협화음을 놓고 주민투표라는 극단적인 선택이 나온 것은 의회와의 불편한 관계에서 불거졌다. 시의회를 지배하던 4기 시절의 달콤한 추억을 잊지 못한 탓이다. 그 결과는 2011년 보궐선거에서 안철수의 '새정치' 바람을 탄 무소속 박원순 후보가 승리를 거머쥐었고 지난 6·4 선거에서의 재선으로 이어졌다.

안방을 야당에 내준 이명박·박근혜 대통령의 장탄식이 광화문까지 흘러나왔다고 한다. 박원순 시장의 5기 잔여 임기와 새정치민주연합에 입당한 6기 시정은 비록 야당 시장이지만 잔여 임기 2년 8개월에 이어 서울시의회106명 중 77명와 구청장25명 중 20명을 장악한 힘 있는 시장이다. 6기 임기를 무사히 마친다면 역대 최장수 서울시장 재임기록을 보유하게 된다. 지금까지는 관선과 민선 시장을 번갈아 역임한 고건 시장의 6년이 최장수 기록이었다.

민선 서울시장의 권한과 리더십

2013년 현재 서울의 인구는 1,014만 명으로, 면적은 국토의 0.61퍼센트에 불과하지만, 인구는 20퍼센트에 가깝다. 교육 예산을 합친 올해 예산은 33조 원으로 우리나라 예산376조 원의 10분의 1쯤이다. 금융 등 경제력의 60~70퍼센트가 집중돼 있을 뿐 아니라 청와대와 입법·사법부가 자리 잡고 있어서 단순한 하나의 도시로 보기 어렵다.

서울의 영향력은 절대적이다. 수도권 인구인천시 288만 명, 경기도 1,223만 명를 합치면 2,525만 명으로 우리나라 전체 인구 4,991만 명의 절반을 넘는다. 초거대 도시인 메가시티이면서 인접 수도권 대도시와 연결된 메갈로폴리스이기도 하다. 서울이 한국이고, 한국이 서울인 셈이다. 한국의 정치·경제·사회·문화 등 모든 종합적인 요소와 기능이 작동하고 있어서 '서울공화국'은 단순한 상징 용어가 아니다.

서울시장이 시정과 관련된 사무를 통괄하는 의사 결정권자이자 집행 책임자라는 점은 다른 17개 광역 지방자치단체장과 같지만 1962년 시행된 '서울특별시 행정에 관한 특별 조치법'에 따라 더욱 높은 위상과 권한을 부여받았다. 유일한 장관급 단체장이며, 조선시대 한성판윤의 전통에 따라 대통령과 당적이 달라도 국무회의에 참석할 수 있다. 서울시와 관련된 정책 수립은 물론 국가의 업무 배분이나 기획, 조정, 통제 등에도 참여할 수 있어서 국가 정책 수립 과정에 깊숙이 관여한다.

서울시장은 서울시 본청과 25개 자치구, 서울시의회와 서울시 산하

©「서울신문」 포토라이브러리

김상돈, 조순, 고건, 이명박, 오세훈, 박원순.

국가직 5명을 제외한 시 소속 지방 공무원 1만 6,000여 명의 임면·징계권도 행사할 수 있다. 정무 부시장 등 정무직의 임면권도 마찬가지다. 서울메트로, 도시철도공사, 농수산물공사, SH공사, 서울시설공단 등 5개 투자 기관의 사장과 서울의료원, 서울연구원 등 12개 출연 기관장 역시 추천하거나 임명한다. 4만 8,000명이 영향권 안에 있다. 정부, 여야 정당과 언론, NGO, 수도권 지방 정부와의 관계 등 정치적 위상도 막중하다.

서울이 가진 수도의 상징성과 위상 때문에 서울시장의 리더십은 관심의 초점이다. 서울시장은 천만 시민이 주주인 법인체의 CEO와 같은 위상을 가진다. 어떤 정책이든 입안하고 시행하기까지는 시의회, 시민단체, 수많은 이해 집단과 갈등 해소를 위한 타협이 불가피하다. 고도의 비전 제시 기능과 출중한 리더십이 요구되는 까닭이다. 업무상 행정가로서의 역량이 더 많이 요구되지만, 선출직이라는 태생상 정치가일 수밖에 없다. 서울시장이 행정 경험과 지역 기반을 무기로 대권에 도전하는 일은 앞으로 더 늘어날 것으로 본다. 국회의원이 수상이 되는 내각제가 아닌 이상 서울시장이 대통령감으로 떠오를 수밖에 없는 형편이다.

역대 민선 시장의 리더십은 어떨까. 조순 시장이 보여준 '포청천 리더십'은 다분히 유학자형이었다. 고건 시장의 '행정 리더십' 또한 돌다리를 두드리고 또 두드리는 관료 스타일이었다. 이명박 시장의 '코뿔소 리더십'은 치밀한 코뿔소의 저돌성이 빛을 발해 대통령직까지 움켜쥐었지만 토건주의의 상처를 남겼다.

오세훈 시장의 리더십은 세련된 외모와 언변 뒤에 '독불장군'을 감추고 있었다. 박원순 시장은 시대의 화두로 떠오른 '시민 소통 리더십'을 안고 완주할 모양이다. NGO 시절 몸에 밴 '거버넌스협치'가 빛을 발하길 기대한다. 리더십에 왕도는 없다. 대권 가도의 가시밭길이 있을 뿐이다. 현재 전적은 1승이명박 1무오세훈 2패조순·고건로 열세다.

7

아파트 공화국의 민낯

아파트, 욕망의 상징이 되다
누가 서울을 아파트 숲으로 만들었나
지구 상 최대 아파트 도시의 미래

©「서울신문」 포토라이브러리

2014년 4월 서울역사박물관에서 열린 작가 17인의 프로젝트 APT 기획전 〈아파트 인생〉에 출품된 정재호 작가의 「용산 중산시범아파트」 앞을 관람객이 무심히 지나가고 있다. 이 기획전은 예술가의 시선으로 바라본 아파트의 다양한 표정을 통해 우리 시대 아파트의 의미를 찾아보려는 시도이다.

아파트,
욕망의 상징이 되다

아파트 공화국의 민낯…… 아파트는 압축된 현대화의 매개체

아파트는 서울을 상징하는 아이콘이다. 한국 사회를 읽는 키워드이기도 하다. 서울 사람 10명 중 6명이 아파트에 살고 있고, 서울 도시 경관을 아파트가 주도하기 때문이다. 발레리 줄레조 교수가 2007년에 출간한 『아파트 공화국』은 파리의 아파트가 아니라 서울의 아파트를 연구한 결과물이다.

줄레조는 1990년 서울 방문길에서 공룡처럼 군림하고 있는 아파트와 아파트 단지를 보고 충격을 받았다. 그녀는 주저없이 '서울의 아파트'를 박사학위 논문의 연구 주제로 선택했다. '세계적으로 유례가 없는' 서울의 아파트 건설 이유와 한국인들의 아파트에 대한 열망을 분석해보기로 마음먹은 것이다.

10년 넘게 걸린 긴 조사 과정을 통해 그녀는 왜 아파트가 서울의 지배적인 주거 형태가 됐으며, 한국의 중산층은 왜 아파트에 집착하느냐는 질문을 집요하게 던졌다. 이방인의 눈에는 희귀한 이상 현상이었지만 한국 사람들은 덤덤했다. "그런 것도 연구 대상인가"라는 조롱 섞인 핀잔을 극복하고 줄레조는 2003년 박사학위를 받았다. 지금은 아파트 문화 분야 연구의 독보적인 학자로 인정받는다. 유수 기관들이 그녀를 초빙해 강연을 듣는다.

줄레조의 의문에 한국 사람들의 답은 한결같았다. 서울은 땅이 좁고, 인구 밀도가 높아서 아파트라는 거주 형태의 선택이 불가피했다고. 우리가 알고 생각하는 대로다. 그러나 줄레조의 연구 결과는 달랐다. 한국 사회에서 아파트는 '압축된 현대성compressed modernity'의 반영이었다. 아파트는 돈이나 주식과 비슷한 환금성을 가진 재화인 동시에 현대화의 매개체 또는 수단이었다는 것이다.

특히 1970~80년대 산업화를 담당한 권위주의 정권과 재벌, 중산층이 맺은 '3각 동맹'이 아파트를 상위 계급화했다고 주장한다. 아파트는 서울 사람, 나아가 한국인 욕망의 상징이며 3각 동맹이 건재하는 한 아파트에 대한 환상은 지속될 것으로 내다봤다.

지금은 많은 사람이 아파트와 아파트 문화에 대해 연구하고 비평한다. 영화평론가 이형석은 "대한민국 근현대사는 '집의 역사'와 다름없다"라면서 서울에서 아파트 한 채 갖는 것을 중산층 평균적 삶의 실현으로 봤다. 주거 지역과 평형, 아파트 건설 회사의 브랜드가 신분을 드러내고, 재개발이나 뉴타운 공약이 선거 판세를 좌지우지하고, 아파트 정책이 정권의 성패를 가르는 시대를 살아왔다는 것이다. 2004년에 출현한 초고층 최첨단 주상 복합 아파트는 또 다른 성공과 신분을 상징하는 '욕망의 바벨탑'으로 존재한다고 주장했다. 경제 칼럼리스트 우석훈도 줄레조의 분석에 동의하면서 중산층의 욕망과 개발 독재의 획일성이 결합된 부동산 정책과 아파트 공화국의 파국을 예고했다.

『아파트 한국 사회』를 펴낸 건축가 박인석 명지대 교수는 "문제의 핵심은 '아파트가 아니라 '아파트 단지'"라고 비판의 대상을 좁혔다. 아파트라는 주거 형태 자체가 문제가 아니라 담장을 둘러친 '단지'가 문제라는 인식이다. 그는 아파트를 열악한 도시 환경이라는 사막 속에 자리 잡은 '사설私設 오아시스'라고 명명하면서 오아시스는 영원한 것이 아니라는 점을 알아야 한다고 강조한다. 또 임대 아파트 단지, 분양 아파트 단지, 주상복합 아파트 단지처럼 아파트 단지가 재산 가치에 따라 계급화하면서 계층적으로 폐쇄성을 띤다고 보았다. '단지 해체'가 왜곡된 아파트 문화를 바로잡는 대안이라고 주장하고 있다.

충정아파트부터 와우아파트까지…… 아파트의 부침

아파트가 서울에 처음 등장한 것은 1930년대였다. 일제는 회현동에 3층짜리 공동 주택미쿠니아파트을 지은 데 이어 1932년 충정로에 지하 1층, 지상 4층짜리 충정아파트도요타아파트를 지었다. 혜화동과 적선동 등에도 아파트가 선보였다. 주로 일본인 임대·거주용이었다. 당시 서울에서 가장 높은 건물이 8층짜리 반도호텔지금의 롯데호텔이었으니 충정아파트는 당장 도시의 랜드마크로 떠올랐다. '아파트의 아버지'로 불리는 프랑스의 건축가이자 도시계획가 르 코르뷔지에가 주창한 미래주택 개념에 따른 획기적 건축물이었다. 이 아파트는 한때 호텔트레머호텔, 코리아관광호텔로 개조됐다가 다시 아파트유림아파트로 되돌아갔다. 1979년 충정로 8차선 확장으로 건물 절반이 뜯겨나가는 곡절을 겪었지만 살아남았다. 서울시는 지난해 충정아파트를 우리나라 최초의 아파트로 공인, '100년 후의 보물, 서울 속 미래 유산'으로 지정했다.

정부 수립 이후 지어진 최초의 민간 아파트는 1958년 중앙산업이 성북구 종암동에 세운 종암아파트였다. 17평짜리 4층 건물에 152가구가 살았다. 정식 명칭은 '종암아파트먼트 하우스'였지만 '종암아파트'로 줄여 부르면서 '아파트'라는 용어의 탄생을 세상에 알렸다. 잘나가는 기업인, 정치인, 예술가들이 입주했으며 최초의 옥내 수세식 화장실과 입식 부엌이 장안의 화제였다. 특히 양변기로 대변되는 화장실 문화의 대혁명을 알린 옥내 좌식 화장실은 '시아버지와 며느리가 같은 변기에 앉아 일을 보는 해괴망측한 서양 문화의 무분별한 도입'이라는 비판이 쏟아졌다. 온돌이 깔린 침실이 현관이나 주방, 거실보다 한 단이 높은 특이한 구조였다. 1995년 종암선경아파트로 재건축됐다.

1962년 안양으로 이전한 마포 형무소 자리에 대한주택공사가 최고급 마포아파트도화동 삼성아파트를 건립하자 서울의 모던보이와 모던걸 사이에 아파트는 일약 선망의 대상이 됐다. 입주 초기 연탄보일러 중독 사고가 연발하고 부유층 범죄의 표적이 되기도 했지만, 아파트 주변에 담장을

©「서울신문」 포토라이브러리

82년 묵은 국내 최고령 아파트인 서대문구 충정아파트는 여기저기 많이 훼손됐지만 아직 건재하다. 서울시가 운영하는 '서울 속 미래유산'으로 지정됐다.

쌓아 외부와 격리시키는 '자폐적 공간'을 조성하자 분위기가 반전됐다. 세계 유일의 '한국형 아파트 단지'의 모델 등장이었다.

서울로의 '광적인' 인구 유입은 주택난을 부채질했다. 도심과 가까운 지역의 산비탈과 국공유지변 하천부지를 꽉 메운 토막집과 판잣집을 밀어내고 시민아파트를 지었다. 당시 지은 낙산 시민아파트 등 대부분 시민아파트는 경관 훼손 사례로 낙인 찍혀 1990년 철거 신세를 면치 못했다. 김현옥 시장1966년~1970년 재임이 주도한 시민아파트의 본래 용도는 철

©서울역사박물관

'아파트'라는 용어가 처음 사용된 최초의 민간아파트 종암아파트가 재건축되기 전 모습. 아파트 단지 앞은 옛 숭례초등학교.

거민 수용이었다. 시민아파트 1호는 천연동 금화아파트였다. 한 서울시 공무원이 해발 203미터의 산꼭대기에 아파트를 짓는 이유를 묻자 김 시장은 "이 바보야! 높은 데 지어야 청와대에서 잘 볼 것 아니냐"라고 답했다는 웃지 못할 해프닝이 전해진다. 1968~69년에 지은 시민아파트는 어김없이 산허리 또는 산등성이에 지어졌다. 전시행정의 표본이었다. 그래서인지 경관 하나는 끝내주는 금화아파트는 아직도 살아남아 개발연대기의 암담함을 나타내는 영화 촬영장으로 쓰인다.

도심재개발 차원에서 이뤄진 세운상가와 낙원상가, 청량리 대왕코너 롯데백화점 청량리점는 요즘 주상복합아파트의 원조격이다. 특히 세운상가 아파트는 1960년 후반부터 동부이촌동 한강맨션이 들어서는 1970년대 초까지 상한가를 쳤다.

18~25평의 작은 평수였지만 대규모 상가와 엘리베이터를 갖춘 이 아파트에 사회 저명인사들이 앞다퉈 입주했다. 사대문 안에 밀집된 직장에 걸어서 출퇴근할 수 있는 상류층 집결지였다. 세운상가는 세계 최대 규모의 집창촌으로 알려졌던 '종삼'과 무허가 판자촌 철거로 얻어진 1만 3,000평의 공지 위에 종로~청계천~을지로~퇴계로까지 무려 1킬로미터를 8개의 건물이 남북으로 관통하는 도심의 괴물이었다.

아파트의 고급화는 동부이촌동 한강맨션에서 처음 시도됐다. 대한주택공사가 1970년에 지은 한강맨션은 중앙 집중식 난방을 채택한 첫 호화 아파트였다. 시민아파트의 싸구려 이미지를 벗으려고 '아파트' 대신

©「서울신문」 포토라이브러리

1971년 6월 준공된 서대문구 냉천동 금화아파트. 시범아파트의 원조격인 금화아파트는 준공 44년 만인 2015년 8월 철거되어 역사 속으로 사라졌다.

©서울시립대 서울학연구소

1970년 동부이촌동에 한강맨션아파트가 등장하기 이전까지 최고급 아파트였던 세운상가가 1킬로미터 길이로 늘어선 모습.

©국가기록원

아파트 단지라는 개념이 처음으로 도입된 마포아파트의 옛 모습. 담장을 두르고 외부와 차별화하는 폐쇄적인 아파트 단지 문화가 이곳에서 비롯됐다.

'맨션'이라는 명칭을 붙였다. 계약 1호는 27평형을 구입한 탤런트 강부자였다. 고은아, 문정숙, 패티김 등 연예인들이 줄지어 입주했다. 분양이 대박나자 당시 현대건설 정주영 사장이 장동운 주공 총재에게 "아파트 사업 그거 돈이 되겠습니까?"라고 물었다고 한다. 결과적으로 현대를 비롯한 대형 건설업체들이 아파트 사업에 뛰어드는 터닝 포인트가 됐다. 1970년 4월 8일 마포구 창전동 와우아파트의 붕괴로 위기를 맞았지만 뚫린 물길을 막을 수 없었다. 바야흐로 서울은 아파트 공화국의 문턱을 막 넘어섰다.

누가 서울을
아파트 숲으로 만들었나

권력과 재벌, 중산층이 가세한 아파트의 흑黑역사

풍수학자 최창조전 서울대 교수가 "이제 모든 국토는 도시다"라고 선언하자 사회학자 전상인서울대 교수은 "사실인즉 우리나라 모든 도시는 아파트이고 따라서 모든 국토가 곧 아파트라고 해도 과언이 아니다"라고 화답했다. 산비탈과 논두렁, 밭두렁 일색이던 우리 땅이 '아파트 천지'로 변했다. 서울을 찾은 외국인의 눈에 처음 들어오는 경관은 산이나 강이 아니라 아파트가 됐다. 상전벽해桑田碧海에서 '상전금지桑田金地'가 됐다는 우스갯소리도 나온다.

좋든 싫든 어쩌다 이렇게 됐을까. 쿠데타로 집권한 박정희와 전두환 두 대통령의 의지가 그렇게 만들었다고 본다. 작금의 아파트 공화국은 박정희·전두환의 의지와 그를 맹신하는 추종자들이 내놓은 합작품이다. 박정희가 기획하고 전두환이 연출했다. 박정희가 '아파트 지구 지정'을 통해 서울 강남을 아파트 숲으로 변하게 했다면 전두환은 '택지개발촉진법'으로 대한민국을 아파트 밀림으로 만들었다.

©서울시

1999년과 2010년. 인왕산 주변에 아파트가 지어지고 있는 1999년 모습과 빽빽한 아파트가 수려한 인왕산을 병풍처럼 가린 2010년의 모습. 남산 복원이 진행돼 남산 외인아파트가 폭파된 1994년에도 인왕산과 북한산 기슭에는 쉴 새 없이 아파트가 건설되고 있었다.

아파트 발전사와 주거 사회학, 아파트 문화사를 두루 살펴보면 우리나라의 주거 혁명은 5·16 쿠데타에 성공한 박정희가 국가재건 최고회의 부의장에 오른 1961년 시작돼 제5~9대 대통령을 지내고 1979년 10·26 사건으로 시해된 18년 동안 진행됐다. 그의 경제 이데올로기는 '건설입국建設入國'이었고 그에 편승해 아파트는 지배적 주거 형태로 등극했다. 보릿고개에서 막 벗어난 신생 대한민국의 목표가 '먹는 것'에서 '사는 곳'으로 전환된 시기에 무소불위의 권력을 쥔 독재자의 선택이었다. 관계 당국의 조건 없는 정책 지원과 아파트 건설 업체의 이해관계가 맞아 떨어지면서 수직 폭발을 일으켰다.

"우리나라의 의식주 생활은 너무나도 비경제적이고 비합리적인 면이 많았음은 주지하는 바입니다. 여기에 생활 혁명이 절실히 요청되는 소이가 있으며 현대적 시설을 완전히 갖춘 마포아파트의 준공은 이러한 생활 혁명을 가져오는 데 한 계기가 될 수 있다고 생각되는 것입니다. (……) 인구의 과도한 도시 집중화는 주택난과 더불어 택지 가격의 앙등을 가져오는 것이 오늘의 필연적인 추세인 만큼 이의 해결을 위해선 앞으로 공간을 이용하는 이러한 고층 아파트 주택의 건립이 절대적으로 요청되는 바입니다"

1962년 국내 최초 단지형 아파트인 마포아파트 준공식에 참석한 국가재건최고회의 박정희 의장의 치사 중 일부다. 박정희의 '생활 혁명론'

은 앞으로 집권 기간 동안 그침 없이 추진될 '아파트 입국'의 미래를 웅변한다. 육사 8기생으로 혁명 주체 세력의 한 명이었으며 대한주택공사지금의 LH 총재를 두 번 지낸 장동운이 아파트 전도사 역할을 한 것으로 보인다. 장동운은 미국 군사학교 유학 시절 잡지에서 본 대단지 아파트 사진에서 얻은 아이디어를 '뭔가 새로운 것'을 찾던 김종필 등 혁명 세력에 알렸다. 아파트에 대한 낮은 인지도와 '빈민굴'이라는 인식 탓에 그의 추진력과 혁명 세력의 도움이 없었더라면 마포아파트 부지 확보와 건설 자금 마련 등은 불가능했을 것이다.

장동운은 두 번째 주공 총재 임기 중이던 1968년 동부이촌동 한강맨션이라는 우리나라 아파트 건설사에 획을 긋는 대표 작품을 남겼다. 일본 신문 광고의 80퍼센트를 주택 광고가 차지하는 것을 보고 중산층 아파트의 성공을 확신했다고 한다. 사상 첫 모델하우스의 등장과 아파트 분양제도의 도입이라는 신기원을 기록했다. 이후 현대건설 등 민간 건설사들이 뛰어들면서 아파트 건설 시장은 비등점을 향해 치달았다.

1994년 폭파된 남산 외인아파트도 장동운의 작품이었다. 1970년 박정희에게 외국인 바이어 거주용 아파트의 필요성을 건의하자 박정희는 지도 위에 한남동 외인주택에서 남산공원까지 줄을 쫙 그으면서 "이 선 안쪽으로 아파트를 세우시오"라고 분부했다는 것이다. 남산 중턱에 16층, 17층짜리 초고층 아파트 2개동 450가구가 들어섰다. 남산하얏트호텔지금의 그랜드하얏트서울은 어부지리로 생겼다. 1972년 외인아파트 준공식에 참석한 박정희가 건물 옥상에 설치된 대피용 헬기포트를 시찰하다 눈에 거슬리는 군사 시설이 보이자 "철거하고 호텔을 지으라"고 지시한 것이 하얏트호텔의 탄생 비화이다. 개발연대 남산에는 '3대 흉물'이 있었다. 외인아파트와 남산맨션, 하얏트호텔이 그것이다. 외인아파트는 남산 제 모습 찾기 사업으로 사라졌지만, 남산을 병풍처럼 막아선 하얏트와 남산맨션은 건재하다.

아파트 입국立國과 3인의 서울시장

혁명 세력을 등에 업은 주공이 마포아파트와 동부이촌동 한강맨션의 성공으로 서울에 아파트의 싹을 틔웠다면 꽃은 3명의 서울시장이 피웠다. 주공은 주공아파트, 서울시는 시민·시범·시영아파트로 독재자의 입맛을 돋웠다. 박정희의 전폭적 신임을 바탕으로 서울에 건설 바람을 일으킨 김현옥1966~1970, 양택식~1974, 구자춘~1978등 3명의 시장이 재임한 12년 동안 '아파트 도시'의 밑그림이 그려졌다.

김현옥의 시민아파트, 양택식의 여의도 시범아파트와 잠실주공아파트, 구자춘의 반포아파트가 대표적이다. 김현옥은 판잣집을 철거하고 철거민을 근교로 집단 이전시킨 뒤 철거 터에 시민아파트를 지었다. 1970년 와우아파트 붕괴와 1971년 광주대단지 폭동 사건의 원인을 제공했지만, 한강변을 아파트 택지로 조성했다. 한강 상류에 소양강댐이 건설돼 물난리 걱정이 사라지고 북한과의 체제 경쟁으로 강북 지역에 대한 안보

불안감이 높아진 게 일조했다. 양택식은 김현옥이 벌려놓은 난제를 꼼꼼히 처리했다. 여의도 개발과 시범아파트의 분양 성공은 서울시의 만성적인 재정난을 타개했을 뿐 아니라 아파트에 대한 선입견을 해소시켰다.

구자춘의 뚝심이 강남을 아파트로 뒤덮게 했다. 1975년 3월 4일 서울시 연두순시에서 박정희는 강북 인구의 강남 분산을 지시했다. "영동이나 잠실을 막연하게 개발하는 것은 서울시의 인구 증가 정책밖에 안 된다. 획기적인 방안을 내놔라"라는 것이었다. 구자춘은 시내에 흩어져 있던 고속버스터미널을 반포로 옮기고 주변에 대규모 아파트 단지를 조성할 것을 결심한다. 관료 출신으로 매사 신중했던 양택식과 달리 군 출신인 김현옥, 구자춘은 대통령과 국무총리 이외에 상전이 없는 듯 행동했다. 관계 부처 장관과의 협의나 중앙도시계획위원회 심의 등 관련 절차를 아랑곳하지 않았다.

'허허벌판' 강남을 아파트 지구로 지정하는 일도 그렇게 일사천리로 진행됐다. 권력자의 지시를 받은 지 1년여 후인 1976년 7월 5일 구자춘은 천호대교 준공식에 참석한 박정희를 구획 정리가 한창인 영동 지구로 안내한 자리에서 아파트 지구 지정 계획을 보고했다. 개인의 건축허가 행위가 금지되고 아파트만 지을 수 있도록 하겠다는 설명이 끝나자 대통령은 아파트 지구 지정 계획이 그려진 도면 위에 특유의 사인을 했다. 이른바 윤허였다. 이때 반포·압구정·청담·도곡·이수·잠실·이촌·서빙고·원효·여의도·화곡 등 11개 지구 236만 평이 아파트 지구로 지정됐다. 개인의 재산권 침해에 대해 누구도 가타부타 할 수 없었고 나머지

©「서울신문」 포토라이브러리

1976년 서울 강남 허허벌판에서 진행된 압구정동 한양아파트 분양 추첨식에 인파가 운집해 있다. 아파트는 중산층 욕망의 분출구였다.

©노주석

서울 강남구 압구정동 현대아파트 72동 74동 사이 작은 공원에 서 있는 '압구정터' 표지석.

는 통과의례였다. 10여 년 후 11개 지구에는 680개 동 5만 가구분의 아파트가 들어섰다. 강남은 아파트 쑥대밭이 됐다.

박정희의 시대가 지고 전두환의 시대가 왔다. 박정희와 추종자들의 아파트 입국 노력은 1980년대 전두환 시대에 비하면 새발의 피였다. 12·12 쿠데타로 집권한 전두환은 서슬 퍼런 국보위를 통해 주택 500만 호 건설이라는 경천동지할 공약을 내놓았다. 1981년부터 10년간 3조 6,000억 원을 투입해 아파트 151만 호 등 주택 500만 호를 짓겠다는 내용이었다. 당시 존재하던 대한민국 주택의 총량이 500만 호였으니 그 배포를 짐작할 만하다. 공약을 시행하는 수단인 택지개발촉진법이 1981년 시행됐다. 전두환·노태우 시대를 관통한 아파트를 위한, 아파트에 의한, 아파트의 시대가 막이 올랐다.

손정목 전 서울시립대 명예교수는 "택지개발촉진법은 대한민국정부 수립 이후 제정 공포된 6,000여 개의 법률 중 가장 무시무시한 위력을 가진 법률"이라고 평가했다. 택지 개발 예정 지구라는 이름으로 어떤 땅이라도 무지막지하게 수용해 택지로 개발할 수 있고, 다른 법과 처분의 적용이 일체 배제되는 법이다. 이후 20년 동안 1억 1380만 평이 택지 개발 예정 지구로 지정됐다. 이 시기 남아 있던 모든 녹지는 택지로 변했다. 개포·고덕·목동·상계·중계 지구가 아파트 단지로 변했다. 분당·일산·평촌·산본·중동 등 수도권 신도시가 건설된 것을 비롯해 전국 방방곡곡에 대단위 아파트 단지가 들어섰다. 전두환의 '주택 500만 호 건설'과 노태우의 '주택 200만 호 건설' 공약에서 '주택'이란 아파트의 다른 이름이었다.

전두환 정권도 예의 '아파트 해법'으로 주택 수요를 충족시켰다. 나아가 부의 축적과 차별적 지위를 제공함으로써 중산층의 욕망을 채워줬다. 아파트 건설 업체들도 재벌 그룹으로 성장하도록 배를 불렸다. 그 결과 우리나라 주택 열 채 중 여섯 채가 아파트로 둔갑했다. 고밀도 초고층 아파트 덕분에 2008년 주택 보급률 100퍼센트를 넘어섰다. 단군 이래 처음으로 집 부족에서 벗어나는 대역사가 이룩된 셈이다. 아파트는 고질적인 주거 문제를 해결했지만 저출산·고령화와 나홀로 가구의 증가 등 산적한 문제 앞에 노출돼 있다. 아파트의 미래는 어떻게 될 것인가.

©「서울신문」 포토라이브러리

한강 양안을 뒤덮은 아파트 숲.

지구 상 최대
아파트 도시의 미래

저무는 아파트 전성시대, 서울의 미래상

아파트 전성시대가 저물고 있다. 1970년 서울의 단독주택은 전체 주택의 85퍼센트 정도를 차지했다. 40여 년이 흐른 2014년 서울은 아파트, 연립주택, 다세대주택이 전체의 85퍼센트를 넘는 거대한 공동 주택의 도시로 역전했다. 아파트는 물경 60퍼센트에 이른다. 그러나 하늘을 찌르던 아파트의 기세는 밀레니엄의 시대에 접어들면서 한풀 꺾였다.

전국적으로 단독주택 건설 물량이 2005년 2만 7,000여 가구에서 2010년 4만 4,000여 가구로 6년 연속 늘어난 반면 아파트 건설 물량은 2008년 41만 5,000여 가구에서 2010년 27만 6,000여 가구로 내리 3년간 줄어든 것이다.

아파트 중독에서 풀린 사람들이 마당이 있는 대안 주거지를 원하기 때문이다. 국토연구원이 2009년에 실시한 이상적인 주택 유형을 묻는 설문 조사에 응답 가구의 64퍼센트가 단독주택을 원했다. 단독주택에 사는 사람일수록, 저소득층일수록, 60세 이상 고연령층일수록 단독주택

©「서울신문」 포토라이브러리

서울 인구의 60퍼센트가 아파트에 살고 있다.

거주 욕구가 강했다. 아파트는 중소득층이나 30대 이하의 지지를 얻었다. 신한은행이 2011년에 실시한 주거 유형 선호도 조사에서도 도시형 생활 주택이 30퍼센트를 웃돌았고 뒤이어 타운하우스와 단독주택이 각각 25퍼센트를 나타냈다. 아파트를 원하는 사람의 비율은 20퍼센트 아래로 떨어졌다.

영원할 것처럼 여겨졌던 아파트 공화국에 균열이 생겼다. '거주 기계르 코르뷔지에', '인간보관용 콘크리트 캐비닛이외수'에 질린 사람들의 저항이 시작됐다. 그렇다면 아파트라는 거대한 덩치의 건조물이 지배하는 서울의 미래는 어떻게 될 것인가. 한국의 아파트를 연구해 박사학위를 받았고, 그 논문을 『아파트 공화국』이라는 책으로 펴낸 지리학자 발레리 줄레조 교수는 "한국에서 아파트는 재화인 동시에 현대화의 매개체 또는 수단이며 상징이다. 동시에 한국인에게 아파트는 어떤 의미에서 투기의 목적으로 여겨지고 있다. 아파트에 대한 한국인의 열광 역시 이 같은 투기 목적에서 발생한 측면이 크다"라고 한국 아파트의 흑역사를 들춰냈다.

줄레조는 아파트 공화국의 미래에 대해서도 부정적이다. 아파트가 서울을 '하루살이 도시'로 만들 것이라면서 머지않아 도심의 슬럼화가 진행되고 각종 도시 문제의 온상이 되리라고 예견했다. 아파트가 더는 그들의 구별 짓기를 뒷받침해주지 못한다고 여긴 중산층이 떠나는 순간 아파트는 버려진다고 했다. 이미 여러 연구자가 한국 아파트 문화의 특징은 획일화와 구별 짓기라고 규정한 바 있다. 아파트는 구획화가 가능한 건축적·공간적 특성이 있기 때문에 거주민들은 함께 살기를 거부하며 구별 짓기를 고수한다는 것이다. 더불어 살아가는 마을 공동체 형성을 가로막는 장애 요인이었다.

서울 사람 열에 여섯은 아파트에 산다. 만약 중산층이 서울의 아파트를 떠난다면 대체 무슨 일이 일어날 것인가. 2005년 11월 프랑스 파리 폭동의 진원지 방리외가 떠오른다. 대도시의 교외, 변두리를 뜻하는 방리외는 10~20층 고층 아파트와 자급자족 구조의 각종 편의시설을 갖추고 1960년대 집중적으로 지어졌지만 결국 빈곤층과 이민자들의 소굴로 변했다. 프랑수아 미테랑 전 대통령이 "영혼이 없는 거리에서 태어나 자란 젊은이들이 무슨 희망을 가질 수 있겠는가"라고 한탄한 그곳이다. 우리의 뉴타운이나 신도시 아파트 단지 위에 방리외가 오버랩되는 것은 왜일까.

엄혹했던 군사정권 시절 임명직 서울시장들은 철권 통치자의 명에 따라 서울 곳곳에 아파트 단지를 마구잡이로 조성했다. 김현옥-양택식-구자춘 트리오가 관선 시대 '아파트 입국'의 주역이라면 민주화 이후 민선 서울시장들도 재건축, 재개발, 뉴타운, 한강 르네상스 같은 이름으로 아파트 건설의 전철을 밟았다.

특히 2002년 이명박 시장 시절 입안된 뉴타운 정책은 서울을 아파트의 수렁 속으로 깊숙이 밀어 넣었다. 은평, 길음, 왕십리 세 곳이 시범 지역으로 지정됐으며 2003년 용산, 한남, 마포, 아현, 동작, 노량진 등 열두

©「서울신문」 포토라이브러리

아파트의 몰락. 서울역사박물관에서 열리고 있는 기획전 '아파트 인생'의 연계 전시회로 현대 작가 17명이 참여한 '프로젝트 APT' 출품작 중 하나인 김은숙 씨의 「도미노 아파트먼트Domino Apartment」. 종이봉투로 만든 아파트 더미가 한순간에 무너지는 찰나를 형상화했다.

곳이 추가 지정됐다. 뉴타운 정책은 후임 오세훈 시장까지 계승돼 금천, 시흥, 영등포, 신길, 흑석, 노원, 상계 등 열한 곳이 늘어났다. 오세훈 시장의 한강 르네상스도 사실상 압구정, 여의도, 합정, 성수 등 한강변아파트 재개발계획이다.

서울 시내 26개 지구 245개 구역에 이르는 뉴타운 사업의 미래는 밝아 보이지 않는다. 2011년 보궐선거로 당선된 박원순 시장은 "뉴타운은 태생부터 잘못된 것"이라면서 뉴타운과 한강 르네상스 사업의 궤도를 전면 수정했다. 도시 정비라는 핑계로 아파트를 헐어낸 자리에 다시 아파트를 짓는 잘못된 관행에 제동을 걸고, 도시재생을 새로운 모토로 내세웠다. 서울시 도시정비사업 40년의 패러다임이 어떻게 바뀔지 지켜봐야 한다.

집은 사는buy 것이 아닌 사는live 곳, 신新 주거 혁명 예고

"우리에게 집은 무엇인가. 집은 가정과 사유재산의 보루이면서 동시에 사회의 세포다. 집은 가치, 권위, 힘, 전통, 미의식을 표현한다. 그리고 집은 고정자산이다. 이용가치뿐 아니라 교환가치를 가진다. 개인의 투자 대상을 넘어 잉여 자본이 스스로를 불리는 축적의 공간이다. 근대 이전 우리에게는 비교적 안정된 집의 문화가 있었다. 그러나 급격한 근대화로 이런 문화는 해체됐다. 재래의 집은 버림받았고 아파트가 등장했다. 시대적·문화적 출처를 달리하는 공간과 기호의 편린들이 도시 공간을 만화경으로 만든다."강홍빈 서울역사박물관장

지난 40년 동안 아파트와 아파트 단지는 서울과 서울 사람을 통째로 바꿔놓았다. 입주와 동시에 저비용으로 깔리는 광통신망 덕분에 우리는 세계에서 둘째가라면 서러운 인터넷 보급국이 됐다. 전립선 치료제의 부작용이 대머리에게 발모의 희망을 준 것처럼 아파트 문화가 정보기술IT 강국의 핵심 자양분이 됐다. 문단속과 가사 부담이 줄면서 여성의 사회 진출과 여권 신장의 태풍이 일어났다. 아파트 주민은 이해관계 공약에 따라 특정 후보에게 표를 몰아주는 정치 세력화했다.

전상인 서울대 교수는 "아파트는 경제적인 측면에서나 사회적인 차원에서 최고 인기 주거 공간으로 뿌리를 깊게 내렸다. 아파트가 주택의 메인 상품이 된 것은 수익성·안전성 그리고 환금성이 확실하게 뛰어나

기 때문이다. 게다가 한국에서는 차별성이라는 매력을 추가해 갖고 있다. 마치 대입 수능시험이 그러하듯이 아파트는 주거 수준에 관련해 전국민을 획일적으로 서열화한다. 특히 고급 아파트 거주는 현대 한국인에게 중산층 이상이 되기 위한 일종의 자격증 혹은 스펙 같은 것이 돼버렸다"라고 분석했다. 강준만 전북대 교수도 "아파트의 투기·투자 상품화 현상으로 말미암아 아파트 거주자들은 늘 이사 갈 준비를 하는 삶의 자세로 자신의 거주 지역을 대한다. '살 집house of live'이 아니라 '팔 집house of sale'이었던 셈이다"라고 말했다.

그러나 부동산 침체 및 주택 보급률의 확대는 재산 증식 수단으로서의 아파트 매력을 반감시켰다. 1인 및 2인 가구의 급속한 증가, 저출산 · 고령화와 소득 증대, 주 5일제 근무제 등 사회 경제적 변화는 주거 문화를 바꿨다. 정부의 주택 정책도 대량 공급보다 다양한 수요 충족으로 전환됐다. 아파트가 서울을 점령한 지 40년 만에 탈脫아파트 시대가 온 듯하다. 조명래 단국대 교수는 "주택이 절대적으로 부족했던 시기 대량 공급 방법이 아파트였지만 지금은 과부족 시대가 끝났다. 주택의 수요 압박이 약화하면서 아파트 선호도가 약화하는 계기가 됐다. 아파트의 시대가 끝났다고 단언하기는 이르지만 끝나가는 것은 사실"이라면서 "앞으로 20년 이내 현재의 아파트형 주택 문화가 서구형 단독주택 문화로 바뀔 것"이라고 내다봤다.

주거 트렌드의 변화는 새로운 주거 혁명을 예고하고 있다. 아파트에 대한 로망은 단독주택, 땅콩주택, 외콩주택, 한옥, 동호인주택, 도시형 타

©「서울신문」 포토라이브러리

뉴타운의 빛과 그림자. 강남의 아스팔트키드로 태어난 젊은 여성 관람객이 서울 성북구 월곡동 달동네의 변신을 담은 안세권의 '서울 뉴타운 풍경, 월곡동의 빛'을 감상하고 있다.

©「서울신문」 포토라이브러리

서울 서초구 서초동 삼호아파트 9동 000호. 1970년대의 전형적인 강남 아파트의 구조와 살림살이를 서울역사박물관 전시장에 그대로 옮겨놓았다. 1978년 입주해 올 2월 철거 직전까지 살아온 중산층 삶의 궤적이 오롯이 담겼다.

©노주석

독일 베를린에 있는 아파트의 아버지 르 코르뷔지에가 1920년대에 설계해서 지은 아파트의 원조 '코르뷔지에하우스'. 90년이 흐른 지금도 새로 지은 아파트 못지 않다.

운하우스 등 거주자의 개성을 살리는 주거 형태로 옮겨가고 있다. 주택 소유에 대한 가치관도 달라졌다. 젊은 층을 중심으로 집은 '사는buy 것'이 아닌 '사는live 곳'으로 변화했다. 2012년 한국갤럽조사에서 '집을 소유하면 좋지만 소유하지 않아도 상관없다'는 응답자가 50퍼센트에 이르렀고 20대와 30대로 내려갈수록 이용 개념이 뚜렷했다. 베이비붐 세대의 주택에 대한 집착과는 뚜렷한 차이를 보인다.

줄레조의 예견처럼 중산층이 각자의 대안 주택을 찾아 아파트를 떠난 이후가 문제다. 지구 상 최대의 아파트 도시 서울의 미래는 어떻게 될지 그것이 궁금하다.

〔 참고 문헌 〕

『강남, 사진으로 읽다』, 서울역사박물관, 2009년.

『강남, 이야기로 보다』, 서울역사박물관, 2009년.

『강남 40년 (1) 영동에서』, 서울역사박물관, 2011년.

『강남 40년 (2) 강남으로』, 서울역사박물관, 2011년.

『강남개발과 강북의 탄생과정 고찰』, 안창모, 서울학연구, 2010년.

『강남, 낯선 대한민국의 자화상』, 강준만, 인물과 사상사, 2006년.

『격동의 시대 서울』, 서울역사박물관, 2011년.

『골목 안, 넓은 세상: 김기찬 사진전』, 서울역사박물관 편, 서울역사박물관, 2010년.

『광화문 연가: 시계를 되돌리다』, 서울역사박물관, 2009년.

『광화문 육조앞길』, 이순우, 하늘재, 2012년.

『그들의 시선으로 본 근대』, 서울대학교박물관 편, 눈빛, 2004년.

『김한용의 서울 풍경』, 서울역사박물관, 2013년.

『꼬레아 꼬레아니: 백년전 이태리 외교관이 본 한국과 한국인』, 까를로 로제티 저, 윤종태·김운용 역, 서울학연구소, 1994년.

『남산포럼 창립을 위한 토론회집』, 서울특별시, 2014년.

『더 서울』, 김민채, 북노마드, 2012년.

『다시, 서울문화를 이야기하다』, 서울특별시사편찬위원회, 2011년.

『다시, 서울을 걷다』, 권기봉, 알마, 2013년.

『다시 쓰는 택리지』, 신정일, 휴머니스트, 2004년.

『다시 열린 개천』, 서울역사박물관, 2003년.

『다시 열린 개천: 청계천특별전』, 서울역사박물관, 2003년.

『대한매일신보연구』, 한국언론사연구회, 커뮤니케이션북스, 2004년.

『대한매일신보 창간 100주년 기념 학술회의 주제발표집』, 한국언론학회, 2004년.

『도시, 역시를 바꾸다』, 조엘 코트킨, 을유문화사, 2013년.

『도시는 역사다』, 이영석 민유기외, 서해문집, 2015년.

『도시풍수』, 최창조, 황금나침반, 2007년.

『도심 속 상공인 마을: 도심 상공인들의 생활문화 2』, 서울역사박물관, 2010년.

『서울시정사진기록총서III – 돌격 건설! 김현옥 시장의 서울 I 1966~1967』, 서울역사박물관, 2013년.

『동대문시장』, 서울역사박물관, 2012년.

『동대문시장, 불이 꺼지지 않는 패션 아이콘』, 서울역사박물관, 2011년.
『딜쿠샤에서 청계천까지: 세 이방인의 서울 回想』, 서울역사박물관, 2009년.
『로쎄티의 서울』, 서울역사박물관, 2012년.
『명동: 공간의 형성과 변화』, 서울역사박물관, 2011년.
『명동이야기』, 서울역사박물관, 2012년.
『배설선생의 항일언론운동』, 배설선생기념사업회, 2004년.
『사진으로 보는 近代韓國 2-상: 산하와 풍물』, 서문당, 1992년.
『사진으로 보는 서울백년』, 서울특별시, 1985년.
『사진으로 보는 서울 3: 대한민국 수도 서울의 출발(1945~1961)』, 서울특별시사편찬위원회, 2004년.
『사진으로 보는 서울 4: 다시 일어서는 서울(1961~1970)』, 서울특별시사편찬위원회, 2005년.
『사진으로 보는 서울 5: 팽창을 거듭하는 서울(1971~1980)』, 서울특별시사편찬위원회, 2008년.
『사진으로 보는 서울 6: 세계로 뻗어가는 서울(1981~1990)』, 서울특별시사편찬위원회, 2010년.
『사진으로 보는 서울 7: 시민과 함께하는 서울(1991~2000)』, 서울특별시사편찬위원회, 2012년.
『사회사로 보는 우리 역사의 7가지 풍경』, 역사문제연구소 편, 역사비평사, 1999년.
『생명이 깨어나는 우리강! 4대강 생태지도』, 국토해양부·해양수산부, 2009년.
『생태문화도시 서울을 찾아서』, 홍성태, 현실문화연구, 2005년.
『서울은 어떻게 작동하는가』, 류동민, 코난북스, 2014년.
『서울은 도시가 아니다』, 이경훈, 푸른숲, 2011년.
『서울, 공간으로 본 역사』, 장규식, 혜안, 2004년.
『서울 근현대사 기행: 개혁 침략 저항 건국의 자취를 찾아가는』, 정재정,
서울시립대 부설 서울학연구소, 1996년.
『서울 나는 이렇게 바꾸고 싶었다』, 서울특별시사편찬위원회, 2011년.
『서울 남촌: 시간, 장소, 사람 - 20세기 서울변천사 연구 14』, 김기호·양승우 외,
서울시립대 부설 서울학연구소, 2003년.
『서울, 도성을 품다』, 서울역사박물관, 2012년.
『서울도심의 정체성 연구』, 서울시립대학교 서울학연구소, 2010년.
『서울 도시계획 이야기 1』, 손정목, 한울, 2008년.
『서울 도시계획 이야기 2』, 손정목, 한울, 2008년.
『서울 도시계획 이야기 3』, 손정목, 한울, 2008년.
『서울 도시계획 이야기 4』, 손정목, 한울, 2008년.
『서울 도시계획 이야기 5』, 손정목, 한울, 2008년.
『서울, 도시와 건축』, 건축가협회, 서울특별시, 2000년.

『서울도심부 변화를 바라보는 시민의 인식』, 정석, 서울학연구, 2010년.
『서울문화』 제2판, 서울특별시, 1991년.
『서울 문화 순례』, 최준식, 소나무, 2009년.
『서울 사람이 겪은 해방과 전쟁』, 서울특별시사편찬위원회, 2011년.
『서울역사박물관대학: 조선 오백 년 한양도성 22』, 서울역사박물관, 2012년.
『서울역사박물관대학: 한강의 인문과 경관 20』, 서울역사박물관, 2011년.
『서울역사박물관대학: 한양 웃대의 역사문화와 일상 18』, 서울역사박물관, 2010년.
『서울은 깊다』, 전우용, 돌베개, 2008년.
『서울을 거닐며 사라져가는 역사를 만나다』, 권기봉, 알마, 2010년.
『서울의 경과 곡』, 최기수, 서울시립대학교 부설 서울학연구소, 1994년.
『서울의 景觀變化』, 이혜은 외, 서울시립대학교 부설 서울학연구소, 1994년.
『서울의 고개』, 서울특별시사편찬위원회, 1998년.
『서울의 근대건축』, 서울역사박물관, 2009년.
『서울의 길』, 서울특별시사편찬위원회, 2009년.
『서울의 누정』, 서울특별시사편찬위원회, 2012년.
『서울의 능묘』, 서울특별시사편찬위원회, 2010년.
『서울의 산』, 서울특별시사편찬위원회, 1997년.
『서울의 성곽』, 서울특별시사편찬위원회, 2004년.
『서울의 시장』, 서울특별시사편찬위원회, 2007년.
『서울의 어제와 오늘』, 서울특별시 문화재위원회, 1988년.
『서울의 유산에서 세계의 유산으로』, 권오영 외 서울특별시, 2014년.
『서울의 추억: 모리스 꾸랑의 서울의 추억』, 서울역사박물관, 2010년.
『서울의 하천』, 서울특별시사편찬위원회, 2000년.
『서울, 제2의 고향: 유럽인의 눈에 비친 100년 전 서울』, 서울학연구소, 1994년.
『서울지도』, 서울역사박물관, 2006년.
『서울지명사전』, 서울특별시사편찬위원회, 2009년.
『서울토박이의 사대문 안 기억』, 서울특별시사편찬위원회, 2010년.
『서울, 폐허를 딛고 재건으로(1) 1957~1963』, 서울역사박물관, 2011년.
『서울, 폐허를 딛고 재건으로(2) 1963~1966』, 서울역사박물관, 2011년.
『서울풍수』, 장영훈, 담디, 2004년.
『서울학 연구서설』, 안두순 편저, 서울시립대학교 부설 서울학연구소, 1994년.
『서울, 1969~1990: 전민조 사진집』, 전민조, 눈빛, 2012년.

『서울 20세기』, 서울시정개발연구원, 2000년.
『서울 2천년사 11: 조선 건국과 한양 천도』, 서울특별시사편찬위원회, 2014년.
『서울 2천년사 13: 조선시대 서울의 도시 경관』, 서울특별시사편찬위원회, 2014년.
『서촌, 사람들의 삶과 일상 2』, 서울역사박물관, 2010년.
『서촌, 역사 경관 도시조직의 변화 1』, 서울역사박물관, 2010년.
『세운상가와 그 이웃들: 산업화의 기수에서 전자만물시장까지 1』, 서울역사박물관, 2010년.
『세종로 이야기: 서울 상징축의 역사적 변화과정』, 서울특별시, 2005년.
『소설가 구보씨의 일일』, 박태원, 문학과 지성사, 2005년.
『시민을 위한 서울역사 2000년』, 서울특별시사편찬위원회, 2009년.
『쎄느강은 좌우를 나누고 한강은 남북을 가른다』, 홍세화, 한겨레출판, 2010년.
『아름다운 옛 서울』, 박정애, 보림, 2006년.
『아스팔트 아래 운종가』, 서울역사박물관, 2012년.
『아파트 공화국』, 발레리 줄레조, 길혜연 역, 후마니타스, 2007년.
『아파트에 미치다』, 전상인, 이숲, 2009년.
『아파트의 문화사』, 박철수, 살림지식총서, 2006년.
『아파트 인생』, 서울역사박물관, 2014년.
『아파트 한국사회』, 박인석, 현암사, 2013년.
『오래된 서울』, 최종현·김창희 공저, 동하, 2013년.
『우리 역사는 깊다1』, 전우용, 푸른역사, 2015년.
『우리 역사는 깊다2』, 전우용, 푸른역사, 2015년.
『웃대, 중인문화를 꽃피우다: 웃대 중인전』, 서울역사박물관, 2011년.
『유네스코 세계유산 학술총서: 서울의 유산에서 세계의 유산으로』, 서울특별시, 2014년.
『유럽이란 무엇인가』, 최문형, 지식산업사, 2009년.
『이야기 속으로 떠나는 한국여행』, 한국지역진흥재단. 2013년.
『인물로 본 일제조선지배 40년』, 정일성, 지식산업사, 2010년.
『정동과 각국 공사관』, 이순우, 하늘재, 2012년.
『정동과 덕수궁』, 김정동, 발언, 2013년.
『정동1900』, 서울역사박물관, 2012년.
『제정 러시아 외교문서로 읽는 대한제국 비사』, 노주석, 이담, 2009년.
『제1차 한양도성 국제학술회의집 '역사도시와 도시성곽'』, 서울특별시, 2013년.
『제2차 한양도성 국제학술회의집 '아시아 도성의 조영원리와 도시성곽'』, 서울특별시, 2013년.
『제3차 한양도성 학술회의집 '한양도성의 유산가치와 진정성'』, 서울특별시, 2013년.

『제4차 한양도성 학술회의집 '한양도성의 인문학적 가치'』, 서울특별시, 2014년
『제5차 한양도성 학술회의집 '남산 회현자락 한양도성의 유산가치'』, 서울특별시, 2014년.
『종로 엘레지』, 서울역사박물관, 2008년.
『지명이 품은 한국사 1(서울 경기도편)』, 이은식, 타오름, 2010년.
『창신동, 나 여기 있어요』, 서울역사박물관, 2013년.
『천개의 마을 천개의 기억』, 서울특별시, 2012년.
『천변풍경』, 박태원, 문학과 지성사, 2005년.
『청계천이야기』, 김용옥, 통나무, 2003년.
『청계천』, 서울역사박물관, 2006년.
『청계천과 천변: 시간, 장소, 사람』, 서울시립대, 서울학연구소, 1998년.
『청계천의 역사와 문화』, 서울특별시, 2002년.
『컬러로 보는 한국전쟁』, 존 리치, 서울셀렉션, 2010년.
『콘스가 본 1950년대 한국』, 서울역사박물관, 2013년.
『택리지』, 이중환, 서해문집, 2007년.
『특별한 나라 대한민국』, 강준만, 인물과사상사, 2011년.
『하늘에서 본 서울의 변천사: 40년간의 항공사진 기록』, 서울특별시, 2013년.
『한강』, 서울특별시 한강관리사업소, 1998년.
『한강 르네상스』, 서울특별시 한강사업본부, 2008년.
『한강에 배 띄워라, 굽이굽이 사연일세』, 손종흠, 인이레, 2011년.
『한강의 기적, 콘크리트 걷어내고 도요새 날아드는 한강 탐구생활』, 서울환경운동연합, 이매진, 2010년.
『한강의 섬』, 윤진영 외, 마티, 2009년.
『한강의 어제와 오늘』, 서울특별시사편찬위원회, 2001년.
『한국, 한국인 비판』, 이케하라 마모루, 중앙M&B, 1999년.
『한국사 시민강좌 제14집 한국의 풍수지리설』, 이기백 편, 일조각, 1994년.
『한국지명 신연구: 지명연구의 원리와 응용』, 도수희, 제이앤씨, 2010년.
『한민족의 젖줄 한강』, 국립민속박물관, 2000년.
『한반도그랜드디자인』, 김석철, 창비, 2012년.
『한반도 분단론의 기원과 러일전쟁』, 박종효, 선인, 2014년.
『한성판윤전』, 서울특별시립박물관, 1997년.
『한양의 비보풍수와 녹지보전정책』, 김현욱, 한국학술정보, 2007년.
『한양풍수와 경복궁의 모든 것』, 안국준, 태웅출판사, 2012년.

『해방전후사의 재인식 1』, 박지향 외, 책세상, 2006년.
『해방전후사의 재인식 2』, 박지향 외, 책세상, 2006년.
『해방전후사의 진실과 오해』, 이영훈, 일곡문화재단, 2009년.
『향토서울 제81호 '2000년 역사도시 서울'』, 서울특별시사편찬위원회, 2012년.
『희망의 연대기: 카메라로 바라본 1950~1960년대』, 김한용, 눈빛, 2012년.
『100년 전 서울의 옛 모습』, 서울시립대 서울학연구소, 1995년.
『1901년 체코인 브라즈의 서울 방문』, 서울역사박물관, 2011년.
『1950 서울. 폐허에서 일어서다』, 서울역사박물관, 2010년.
『20세기 초 시가에 나타난 한양과 경성의 공간인식과 그 의미』, 정인숙, 서울학연구, 2010년.
『20세기 서울 현대사: 서울 주민 네 사람의 살아온 이야기』, 송도영, 서울시립대학교 출판부, 2000년.
『2010 SEOUL』, 서울특별시, 2010년.
『Seoul: Then and Now』, 서울특별시, 1984년.
『서울 이미지; 변화와 회복』, 서울특별시, 2006년.